Examens-Fragen
Physik für Mediziner
Zum Gegenstandskatalog

M. Höhl und H. Nägerl

Dritte, neubearbeitete Auflage

687 Fragen mit 78 Abbildungen
Im Anhang 14 Fragen des IMPP

Springer-Verlag
Berlin Heidelberg New York 1981

Dr. Martin Höhl
Fachbereich Physik der Universität
Renthof 5, 3500 Marburg

Dr. Hans Nägerl
IV. Physikalisches Institut der Universität
Bunsenstraße 11, 3400 Göttingen

CIP-Kurztitelaufnahme der Deutschen Bibliothek
Examens-Fragen Physik für Mediziner : zum Gegenstandskatalog / M. Höhl u. H. Nägerl. -
3., neubearb. Aufl. - Berlin ; Heidelberg ; New York : Springer, 1981.
ISBN-13: 978-3-540-10500-8   e-ISBN-13: 978-3-642-67926-1
DOI: 10.1007/ 978-3-642-67926-1
NE: Höhl, Martin [Hrsg.]

Das Werk ist urheberrechtlich geschützt. Die dadurch begründeten Rechte, insbesonere die der Übersetzung, des Nachdruckes, der Funksendung, der Wiedergabe auf photomechanischem oder ähnlichem Wege und der Speicherung in Datenverarbeitungsanlagen bleiben, auch bei nur auszugsweiser Verwertung, vorbehalten. Die Vergütungsansprüche des § 54, Abs. 2 UrhG werden durch die „Verwertungsgesellschaft Wort", München, wahrgenommen.
© Lehmanns Verlag München 1973
© Springer-Verlag Berlin Heidelberg 1978, 1981

Die Wiedergabe von Gebrauchsnamen, Handelsnamen, Warenbezeichnungen usw. in diesem Werk berechtigt auch ohne besondere Kennzeichnung nicht zu der Annahme, daß solche Namen im Sinne der Warenzeichen- und Markenschutz-Gesetzgebung als frei zu betrachten wären und daher von jedermann benutzt werden dürften.

Vorwort zur dritten Auflage

In der Approbationsordnung für Ärzte vom 28.10.1970, die am 1.10.1972 in Kraft getreten ist, ist für die Ärztliche Vorprüfung eine schriftliche Prüfung in Form von Multiple-Choice-Fragen vorgesehen. Diese in der Bundesrepublik Deutschland einheitliche Prüfung setzt einen für alle Studierende der Medizin einheitlichen Gegenstandskatalog für jedes zu prüfende Fach voraus.

Die vorliegende, neu überarbeitete Auflage der Fragensammlung basiert auf dem Gegenstandskatalog für die Ärztliche Vorprüfung, der in der überarbeiteten Neufassung durch das Institut für Medizinische und Pharmazeutische Prüfungsfragen (IMPP), Mainz, veröffentlicht wurde und ab März 1978 ausschließlich verbindlich ist.

Da die Prüfungsfragen bundeseinheitlich gestellt werden, wurden Symbole, Einheiten und Nomenklatur nach "Document U.P.I.11 (S.U.N.65-3)" gewählt, insbesondere wurden die Einheiten des "Système International" (SI-Einheiten) verwendet. Die Fragen dieser Sammlung sind in der Reihenfolge angeordnet, die der Gegenstandskatalog für die Ärztliche Vorprüfung in den neun Abschnitten des Katalogs Physik einhält. Am Kopf jeder Frage stehen zwei Angaben. Die beiden ersten Zahlen der links stehenden Nummer beziehen sich auf den jeweiligen Unterabschnitt des Gegenstandskataloges, die dritte Zahl ist die Fragennummer in diesem Unterabschnitt. Rechts ist der Fragentyp nach der Klassifikation des Instituts für Medizinische und Pharmazeutische Prüfungsfragen angegeben (siehe Ausklapptafel am Ende des Buches).

Es ist sicher, daß das IMPP die hier veröffentlichten Fragen nicht wörtlich in seinen Prüfungen verwendet. Der Student kann sich damit aber dennoch gut auf die Examenssituation vorbereiten, weil die Art zu fragen mit der des IMPP übereinstimmt. Das zeigt sich auch daran, daß eine Reihe dieser Aufgaben, vom IMPP nur leicht abgewandelt, in dessen Prüfungen erschienen sind.

Die Herausgeber danken dem Verlag für die gute Ausstattung des Bandes und hoffen, daß das Buch in Verbindung mit einem Lehrbuch den Studenten eine gute Grundlage zur Vorbereitung auf das Examen liefern wird.

Göttingen, Marburg, im August 1981   M. Höhl   H. Nägerl

Inhaltsverzeichnis

1. Grundbegriffe des Messens und der quantitativen Beschreibung 1
   1.1 Physikalische Größe 1
   1.2 Internationales Einheitensystem (SI = Système International d'Unités)............ 1
   1.3 Abgeleitete Größen und Einheiten 4
   1.4 Messen 5
   1.5 Fehler beim Messen 5
   1.6 Geometrie, Stereometrie 10
   1.7 Algebra 14
   1.8 Funktionen 16
   1.9 Graphische Darstellung 19
   1.10 Differential- und Integral-Rechnung 20

2. Mechanik 23
   2.1 Raum, Zeit 23
   2.2 Bewegung in Raum und Zeit (Kinematik) 25
   2.3 Bewegung von Körpern unter dem Einfluß von Kräften 40
   2.4 Kräfte, Wechselwirkungen 48
   2.5 Arbeit, Energie, Leistung, Impuls 51
   2.6 Mengenbegriffe, bezogene Größen 55
   2.7 Verformung fester Körper unter dem Einfluß von Kräften im Gleichgewicht 58
   2.8 Fluide (Flüssigkeiten, Gase) unter dem Einfluß von Kräften 63
   2.9 Kräfte in Grenzflächen 67
   2.10 Strömung von Fluiden (Flüssigkeiten, Gase) 69

3. Struktur der Materie 79
   3.1 Aufbau der Atomkerne, Atome 79
   3.2 Aufbau der Körper, Grundbegriffe der kinetischen Theorie 86

4. Wärmelehre 89
   4.1 Temperatur-Begriff 89
   4.2 Wärme als Energie 95
   4.3 Gaszustand 100
   4.4 Änderung des Aggregatzustands, Gleichgewicht zwischen Aggregatzuständen 111
   4.5 Wärmetransport 118
   4.6 Stoff-Gemische 120

5. Elektrizitätslehre 126

    5.1 Elektrischer Strom 126
    5.2 Elektrische Ladung 129
    5.3 Elektrische Spannung 131
    5.4 Elektrische Feldstärke 133
    5.5 Widerstand 142
    5.6 Vorgänge der Elektrizitätsleitung 160
    5.7 Entstehung von Spannungen an Grenzflächen 166
    5.8 Magnetische Vorgänge 170
    5.9 Wechselstrom, elektrische Schwingungen und Wellen 171

6. Schwingungen und Wellen 179

    6.1 Einfache schwingungsfähige Systeme (Pendel, Schwinger) 179
    6.2 Ausbreitung von Schwingungen, Wellen 192
    6.3 Schallwellen 194
    6.4 Elektromagnetische Wellen 196
    6.5 Interferenz und Beugung 199

7. Optik 202

    7.1 Licht als Energieströmung, Photometrie 202
    7.2 Geometrische Optik 207
    7.3 Optische Spektren 224
    7.4 Wellenoptik 226

8. Ionisierende Strahlung 228

    8.1 Radioaktivität 228
    8.2 Röntgenbestrahlung 237
    8.3 Dosimetrie 243

9. Grundbegriffe der Regelung und der Informationsübertragung 248

    9.1 Regelung 248
    9.2 Informationsübertragung 250

Antwortenschlüssel 253

Anhang
Fragen des Instituts für Medizinische
und Pharmazeutische Prüfungsfragen (IMPP) in Mainz 263

Antwortenschlüssel zu den Fragen des IMPP 271

Ausklapptafel

Hinweise für die Benutzung der Fragensammlung*

In der vorliegenden Fragensammlung kommen fünf verschiedene Fragentypen vor. Der Stoff wurde in Anlehnung an den Gegenstandskatolog für die Ärztliche Vorprüfung gegliedert in:

1. Grundbegriffe des Messens und der quantitativen Beschreibung
2. Mechanik
3. Struktur der Materie
4. Wärmelehre
5. Elektrizitätslehre
6. Schwingungen und Wellen
7. Optik
8. Ionisierende Strahlung
9. Grundbegriffe der Regelung und der Informationsübertragung

Innerhalb eines Kapitels sind die Fragen in den Unterabschnitten numeriert. Auf die Zusammenstellung der Fragen eines Fragentyps wurde verzichtet, da die dauernde Umstellung auf einen anderen Fragentyp für den Lernprozeß geeigneter erscheint. Die richtigen Antworten sind in einem Schlüssel am Ende des Buches aufgeführt. Unabhängig vom Fragentyp sind alle Fragen so formuliert, daß <u>eine und nur eine</u> Antwort zutreffend ist. Zu jeder Frage werden fünf mögliche Antworten A ... E angeboten. Jeder Kandidat soll in der Prüfung auch dann eine Antwort ankreuzen, wenn er die richtige Lösung nicht kennt. In diesem Fall besteht immerhin die Wahrscheinlichkeit von 20% aus den vorgegebenen Antworten die richtige zu raten.

Fragentyp A: Einfacher Multiple-Choice-Typ (Einfachauswahl)

Es wird eine Frage mit fünf Antworten oder eine unvollständige Aussage mit fünf Weiterführungen gestellt. Die einzig richtige oder die einzig falsche Antwort ist auszuwählen. Wenn nach der einzig falschen Antwort gefragt wird, geht dies aus dem Aufgabentext ausdrücklich hervor.

---

*siehe auch Ausklapptafel

Fragentyp B: Aufgabengruppe mit gemeinsamen Antwortangebot (Zuordnungsaufgabe)

Zu einer beliebigen Zahl von Aussagen oder Begriffen in Liste 1 (Aufgabenliste) wird eine Liste 2 von fünf Aussagen oder Begriffen aufgestellt. Dabei soll jedem Punkt der Liste 1 eine Aussage der Liste 2 zugeordnet werden, die die einzig richtige Aussage ist. Eine Fragengruppe enthält so viele einzeln bewertete Aufgaben, wie die Aufgabenliste Punkte hat.

Fragentyp C: Kausale Verknüpfung (Beziehungsaufgabe)

Dieser Fragentyp besteht aus zwei Feststellungen, die durch die kausale Verknüpfung "weil" verbunden sind. Jede der beiden Feststellungen kann unabhängig von der anderen richtig oder falsch sein. Wenn beide Feststellungen richtig sind, kann die Verknüpfung durch "weil" richtig oder falsch sein. Bei diesem Fragentyp muß folgendes kritisch geprüft werden:

1. Die Richtigkeit der ersten Feststellung
2. Die Richtigkeit der zweiten Feststellung
3. Die Richtigkeit der kausalen Verknüpfung

Dabei ergeben sich fünf verschiedene Lösungsmöglichkeiten:

Antwort	Feststellung 1	Feststellung 2	Verknüpfung
A	richtig	richtig	richtig
B	richtig	richtig	falsch
C	richtig	falsch	-----
D	falsch	richtig	-----
E	falsch	falsch	-----

Fragentyp D: Modifizierter Multiple-Choice-Typ (Kombinationsauswahl)

Es wird eine Frage oder eine unvollständige Aussage vorangestellt und dazu mehrere numerierte Antworten bzw. Weiterführungen gegeben, die richtig oder falsch sein können. Fünf Kombinationen dieser numerierten Antworten oder Weiterführungen werden vorgegeben, von denen die einzig richtige Kombination ausgewählt werden muß.

Fragentyp E: Fragen mit Bildmaterial

Bei diesem Aufgabentyp enthalten die Aufgaben Bildmaterial (graphische Darstellungen). Die Aufgaben selbst können nach Typ A (= Einfachauswahl), Typ B (= Aufgabengruppe mit gemeinsamem Antwortenangebot), Typ D (= Aussagenkombinationen) konstruiert sein.

1. Grundbegriffe des Messens und der quantitativen Beschreibung

1.1 Physikalische Größe

1.1.1   Fragentyp C

Physikalische Größen ändern durch Wechsel der Einheit ihren Wert,

<u>weil</u>

andere Einheiten andere Maßzahlen zur Folge haben.

1.1.2   Fragentyp C

Eine Menge von Maßzahlen bestimmt eine physikalische Größe,

<u>weil</u>

grundsätzlich jede physikalische Größe durch ihr spezielles Meßverfahren definiert ist.

1.2. Internationales Einheitensystem (SI-Système International d'Unités)

1.2.1   Fragentyp A

Welche Einheit ist <u>keine</u> Einheit im Internationalen Einheitensystem?

A. Kilogramm
B. Newton
C. Ampere
D. Kelvin
E. Sekunde

1.2.2 Fragentyp A

Basisgrößen im Internationalen Einheitensystem sind

A. Kraft
B. Masse
C. Beschleunigung
D. Spannung
E. Druck

1.2.3 Fragentyp C

1 mol ^{12}C wiegt genau 12 g,

<u>weil</u>

1 mol eines Stoffes ebenso viele Teilchen enthält wie 12 g ^{12}C.

1.2.4 Fragentyp A

Die physikalische Größe Stoffmenge hat die Einheit Mol, Einheitenzeichen mol:

A. Unter dieser Größe versteht man die früher benutzte Größe Atomgewicht.
B. Stoffmenge und relative Atommasse sind gleiche Begriffe
C. Ein Mol ist das Normalvolumen der idealen Gase.
D. Ein Mol enthält ebenso viele Teilchen wie 12 g ^{12}C.
E. Ein Mol ist eine atomare Masseneinheit.

1.2.5 Fragentyp A

Welche der nachstehend aufgeführten Größen hat den Zahlenwert $6,02 \cdot 10^{23}$?

A. Molares Volumen
B. Allgemeine Gaskonstante
C. Molare Masse
D. Avogadrosche Konstante
E. Faraday-Konstante

1.2.6 Fragentyp D

Basisgrößen im Internationalen Einheitensystem sind:

1) Elektrische Stromstärke
2) Energie
3) Entropie
4) Kraft
5) Länge
6) Lichtstärke
7) Masse
8) Stoffmenge
9) Temperatur
10) Zeit

Wählen Sie bitte die zutreffende Aussagenkombination.

A. Nur 1, 2, 3, 4, 5, 6 und 7 sind richtig
B. Nur 2, 3, 4, 5, 7, 8 und 9 sind richtig
C. Nur 2, 3, 4, 5, 7, 8 und 10 sind richtig
D. Nur 1, 2, 3, 4, 5, 6 und 9 sind richtig
E. Keine Aussage ist richtig

1.2.7 Fragentyp A

Zwei Größen A und B sind voneinander linear abhängig. A hat die Einheit $m^3 \, s^{-1}$, B hat die Einheit $N \, m^2$. Das Steigungsmaß $m = \Delta A/\Delta B$ hat dann die Einheit

A. $N \, s \, m^{-1}$
B. $kg \, s^{-1}$
C. $N \, m^5 \, s$
D. $s \, kg^{-1}$
E. $N \, m^{-1} \, s^{-1}$

1.3 Abgeleitete Größen und Einheiten

1.3.1
1.3.2
1.3.3
1.3.4 Fragentyp B

Zur Unterteilung von Einheiten werden Zehnerpotenz-Faktoren benutzt. Zur Vereinfachung der Sprechweise hat man den Vorsätzen Namen gegeben, z.B. 10^{-2} m = cm (<u>Zenti</u>-Meter). Welche der in Liste 1 aufgeführten Zehnerpotenzen wird durch die in Liste 2 aufgeführten Vorsätze bezeichnet?

<u>Liste 1</u> <u>Liste 2</u>

1.3.1 10^{-9} A. Femto

1.3.2 10^{-6} B. Nano

1.3.3 10^{6} C. Giga

1.3.4 10^{-15} D. Mikro

E. Mega

1.3.5 Fragentyp A

Unter abgeleiteten Größen versteht man

A. physikalische Größen, die nicht meßbar sind

B. physikalische Größen, die sich von anderen durch dezimale Vielfache unterscheiden

C. physikalische Größen, die keine SI-Einheiten besitzen

D. veraltete physikalische Begriffe

E. Keine Aussage ist richtig

1.3.6 Fragentyp C

Die physikalische Größe "Geschwindigkeit" ist eine abgeleitete Größe,

<u>weil</u>

sie als Differentialquotient der beiden Basisgrößen Länge und Zeit definiert ist.

1.4 Messen

1.4.1   Fragentyp C

Unter einer Messung versteht man den Vergleich einer physikalischen Größe mit einer anderen,

<u>weil</u>

Meßverfahren immer Verfahren zum Vergleichen darstellen.

1.5 Fehler beim Messen

1.5.1   Fragentyp E

In Abb. 1.1 sind zwei Normalverteilungen mit unterschiedlichen Varianzbreiten gezeichnet. Kurve 1 hat die Varianz $\delta = 1$. Wie große ist die Varianz der Kurve 2?

A. 0,5
B. 0,25
C. 2,0
D. 4,0
E. 0,1

Abb. 1.1

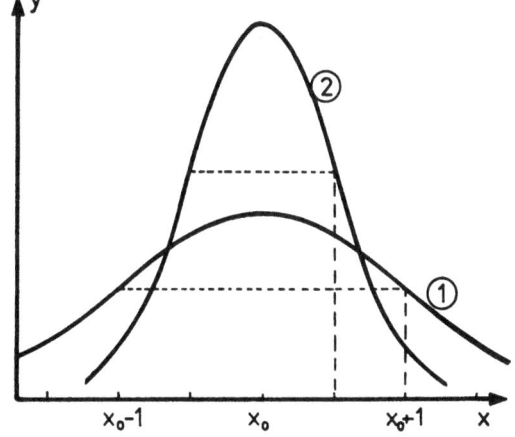

1.5.2   Fragentyp A

Für eine Variable x erhält man bei vier Meßvorgängen die vier Meßwerte: $x_1 = 5{,}0$; $x_2 = 5{,}5$; $x_3 = 5{,}3$; $x_4 = 5{,}0$. Wie groß ist der wahrscheinlichste Wert?

A. 5,00

B. 5,40

C. 5,20

D. 5,30

E. 5,10

1.5.3   Fragentyp E

In Abb. 1.2 ist der Graph einer Normalverteilung, die Wahrscheinlichkeitsverteilungsfunktion einer Meßvariablen, dargestellt. Welche Größe bezeichnet man als Mittelwert?

A. y_1

B. y_3

C. $x_6 - x_2$

D. x_4

E. $x_7 - \dfrac{x_1}{2}$

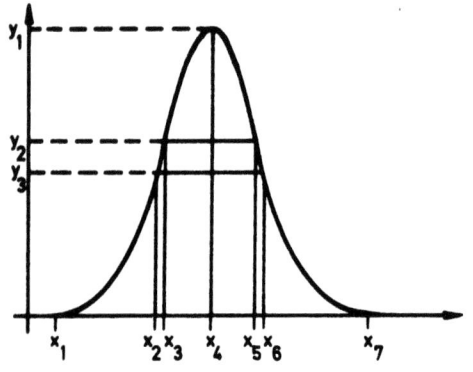

Abb. 1.2

1.5.4   Fragentyp E

Welche Größe der Normalverteilung von Abb. 1.2 nennt man Standardabweichung?

A. $y_1 - y_3$
B. $y_1 - y_2$
C. $x_4 - x_3$
D. $x_7 - x_1$
E. $x_6 - x_2$

1.5.5   Fragentyp A

Mit einem Bandmaß soll die Länge eines Brettes gemessen werden. Das Brett ist ungefähr 1 m lang. Wie groß ist etwa der relative Fehler einer solchen Messung?

A. 0,1
B. 1‰
C. 1%
D. 10^{-3}%
E. 10^{-5}

1.5.6   Fragentyp A

Die Spannung einer Spannungsquelle wird gemessen. Ihr Wert wird mit $(10,0 \pm 0,1)$ V angegeben. Wir groß ist der relative Fehler der Messung?

A. 1%
B. 10^{-2}%
C. 2%
D. 1‰
E. 0,1%

1.5.7 Fragentyp A

Aus zwei Meßgrößen A und B wird die Differenz gebildet. Mit welchem absoluten Fehler ΔZ ist Z behaftet, wenn der absolute Fehler ΔA der Größe A gleich 2, der von B gleich 1 ist?

A. $\Delta Z = 2,00$
B. $\Delta Z = 2,24$
C. $\Delta Z = 3,00$
D. $\Delta Z = 1,00$
E. $\Delta Z = 1,5$

1.5.8 Fragentyp A

Ein Spannungsmesser hat die Güteklasse 2 (d.h. 2% der Fehler vom Vollausschlag). Wie groß ist der relative Fehler der Anzeige, wenn im 10 V-Meßbereich 2 V abgelesen werden?

A. 0,5%
B. 2%
C. 5%
D. 10%
E. 20%

1.5.9 Fragentyp A

Ein Strommesser hat die Güteklasse 0,2 (d.h. 0,2% Fehler vom Vollausschlag). Im Meßbereich von 0,3 A werden 100 mA abgelesen. Um welchen Faktor muß man den absoluten Fehler dieser Messung multiplizieren, um den absoluten Fehler bei der Messung desselben Stromes im Meßbereich von 0,1 A zu erhalten?

A. 1/3
B. 1/2
C. 1
D. 2
E. 3

1.5.10   Fragentyp D

Für die beiden Meßreihen A und B gilt

		A	B
1)	Sie haben den gleichen Mittelwert	10	8
2)	Sie haben verschiedene Mittelwerte	10	10
3)	Sie haben gleiche Standardabweichung	12	8
4)	Die Standardabweichung von A ist größer als die von B	10 8	12 12
5)	Die Standardabweichung von B ist größer als die von A	10	10

Wählen Sie bitte die zutreffende Aussagenkombination.

A. Nur 1 und 3 sind richtig

B. Nur 1 und 4 sind richtig

C. Nur 1 und 5 sind richtig

D. Nur 2 und 4 sind richtig

E. Nur 2 und 5 sind richtig

1.5.11   Fragentyp C

Systematische Fehler lassen sich durch Meßwiederholungen abschätzen,

weil

es sich bei systematischen Fehlern um reproduzierbare Meßfehler handelt.

1.5.12   Fragentyp C

Der zufällige Meßfehler läßt sich durch Meßwiederholungen verringern,

weil

die Standardabweichung des Mittelwerts der Messungen sich mit zunehmender Anzahl der Meßwerte nicht ändert.

1.5.13 Fragentyp A

Um den zufälligen Fehler zu halbieren, muß man die Anzahl der Messungen

A. verdoppeln
B. vervierfachen
C. verachtfachen
D. konstant lassen, aber nur die Hälfte der Messungen berücksichtigen
E. konstant lassen, aber die Extremwerte unberücksichtigt lassen

1.6 Geometrie, Stereometrie

1.6.1 Fragentyp C

Der Winkel α im Gradmaß hat im Bogenmaß den Wert $\varphi = \alpha \frac{\pi}{180}$,

weil

der Winkel im Bogenmaß als "Kreisbogen durch Radius definiert ist, d.h. ein Vollkreis hat den Winkel 2π.

1.6.2 Fragentyp A

Ein Quader hat die Abmessungen: Länge $a_1 = 4 \cdot 10^2$ mm, Breite $a_2 = 3 \cdot 10^{-1}$ m, Höhe $a_3 = 5 \cdot 10^{-1}$ dm. Dann beträgt sein Volumen V:

A. $V = 600$ cm^3
B. 60 dm^3
C. $6 \cdot 10^5$ mm^3
D. $6 \cdot 10^{-3}$ m^3
E. $0,6$ m^3

1.6.3 Fragentyp C

Die Oberfläche eines Würfels und einer Kugel gleichen Volumens ist gleich,

<u>weil</u>

die Oberfläche eines Körpers proportional zum Volumen des Körpers ist.

1.6.4 Fragentyp C

Die Fläche ist eine abgeleitete Größe,

<u>weil</u>

die Fläche durch das Produkt Zahlenwert mal Einheit angegeben wird.

1.6.5 Fragentyp A

Eine Kugel hat die Oberfläche $A = 144\pi$ cm^2. Dann beträgt ihr Volumen V:

A. $V = 144\pi$ cm^3
B. $V = 288\pi$ cm^3
C. $V = 432\pi$ cm^3
D. $V = 72\pi$ cm^3
E. $V = 36\pi$ cm^3

1.6.6 Fragentyp A

Wenn man den Radius einer Kugel verdoppelt, dann wird ihr Volumen

A. zweimal so groß
B. viermal so groß
C. sechsmal so groß
D. achtmal so groß
E. sechzehnmal so groß

1.6.7 Fragentyp A

Eine skalare Größe ist

A. die Gewichtskraft eines Körpers
B. die Schwerefeldstärke
C. die Brechkraft (Brechwert) einer Linse
D. die Kraft auf einen Körper
E. die Bahnbeschleunigung eines Körpers

1.6.8 Fragentyp E

Die Kraft F in Abb. 1.3 kann zerlegt werden in die beiden Teilkräfte

A. F_1, F_5
B. F_1, F_4
C. F_2, F_4
D. F_2, F_3
E. F_1, F_3

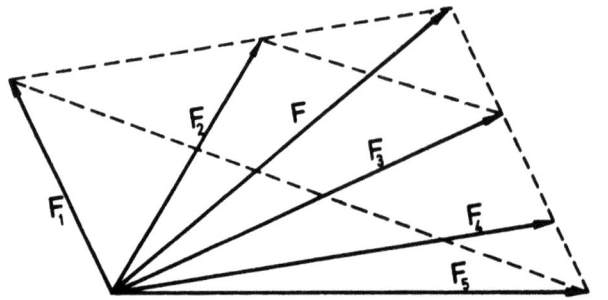

Abb. 1.3

1.6.9 Fragentyp A

Eine vektorielle Größe ist

A. die Masse eines Körpers
B. die Zeit
C. die Energie

D. der Impuls eines Körpers

E. die Temperatur

1.6.10 Fragentyp D

An einem Körper greifen zwei gleich große Kräfte $F_1 = F_2 = 4N$ an.

1) Die Resultierende der beiden Kräfte kann jeden Wert zwischen Null und 8N annehmen.
2) Haben die Wirkungslinien der beiden Kräfte einen Winkel α zueinander, so ist die Wirkungslinie der Resultierenden die Winkelhalbierende von α.
3) Schließen die beiden Kräfte einen rechten Winkel ein, dann hat die Resultierende den Wert $4 \cdot \sqrt{2}$ N.
4) Eine Resultierende existiert nur dann, wenn beide Kräfte im gleichen Punkt angreifen.

Wählen Sie bitte die zutreffende Aussagenkombination.

A. Nur 1 und 2 sind richtig

B. Nur 1, 2 und 4 sind richtig

C. Nur 1, 2 und 3 sind richtig

D. Nur 2, 3 und 4 sind richtig

E. Nur 2 und 4 sind richtig

1.6.11 Fragentyp A

Eine vektorielle Größe ist

A. die Arbeit

B. die potentielle Energie

C. der Impuls

D. die Leistung

E. die Temperatur

1.6.12   Fragentyp C

Zur Angabe einer vektoriellen Größe sind mehr Angaben notwendig als bei einer skalaren Größe,

weil

eine skalare Größe durch Maßzahl und Einheit, eine vektorielle Größe noch zusätzlich durch eine Richtung festgelegt wird.

1.7 Algebra

1.7.1   Fragentyp D

Folgende Gleichungen sind lineare Gleichungen mit einer Unbekannten:

1) $a \cdot \sin(bx) + c = 0$
2) $a \cdot \log(bx) + c = 0$
3) $ax + b = 0$
4) $ax^2 + bx + c = 0$
5) $\sqrt{ax} + bx + c = 0$

Wählen Sie bitte die zutreffende Aussagenkombination.

A. Nur 3 ist richtig

B. Nur 4 ist richtig

C. Nur 1 und 2 sind richtig

D. Nur 3 und 5 sind richtig

E. Nur 1, 2, 3 und 5 sind richtig

1.7.2   Fragentyp A

Setzt man die Normalform einer Gleichung mit einer Unbekannten $f(x) = 0$ gleich y, so erhält man einen funktionalen Zusammenhang zwischen y und x ($y = f(x)$). Die Lösung der Gleichung mit einer Unbekannten bedeutet in der graphischen Darstellung der Funktion $y = f(x)$

A. die Schnittpunkte mit der y-Achse

B. die Schnittpunkte mit der x-Achse

C. die Lage der Maxima der Funktion

D. die Lage der Minima der Funktion

E. die Lage der Wendepunkte der Funktion

1.7.3 Fragentyp D

Eine quadratische Gleichung mit einer Unbekannten kann folgende Lösungen haben:

1) zwei reelle Lösungen
2) eine reelle Lösung
3) zwei rein imaginäre Lösungen
4) keine reelle Lösung
5) zwei komplexe Lösungen

Wählen Sie bitte die zutreffende Aussagenkombination.

A. Nur 1 ist richtig

B. Nur 2 ist richtig

C. Nur 3 ist richtig

D. Nur 1, 2 und 4 sind richtig

E. Alle Aussagen sind richtig

1.7.4 Fragentyp D

Die quadratische Gleichung $ax^2 + bx + c = 0$ hat nur <u>eine</u> reelle Lösung, wenn

1) $a \neq 0$; $b^2 = 4ac$
2) $a \neq 0$; $b^2 > 4ac$
3) $a \neq 0$; $b^2 < 4ac$
4) $a = 0$; $b \neq 0$
5) $b = 0$; $c \neq 0$

Wählen Sie bitte die zutreffende Aussagenkombination.

A. Nur 1 ist richtig

B. Nur 4 ist richtig

C. Nur 5 ist richtig

D. Nur 2 und 3 sind richtig

E. Nur 1 und 4 sind richtig

1.7.5 Fragentyp D

Folgende Gleichungen sind quadratische Gleichungen mit einer Unbekannten

1) $(x-a) \cdot (x-b) = 0$
2) $a\sqrt{x} + bx + cx^2 = 0$
3) $ax^2 + bx + cx = 0$
4) $a \sin^2 x + b \cos^2 x = 0$

Wählen Sie bitte die zutreffende Aussagenkombination.

A. Nur 1 und 2 sind richtig
B. Nur 1 und 3 sind richtig
C. Nur 2 und 3 sind richtig
D. Nur 1, 2 und 3 sind richtig
E. Alle Aussagen sind richtig

1.8 Funktionen

1.8.1
1.8.2
1.8.3 Fragentyp B

Die in der Liste 1 aufgeführten trigonometrischen Funktionen haben die in der Liste 2 aufgeführten Definitionen im rechtwinkligen Dreieck

Liste 1		Liste 2
1.8.1 sin x	A.	$\frac{\text{Gegenkathete}}{\text{Hypothenuse}}$
1.8.2 cos x	B.	$\frac{\text{Hypothenuse}}{\text{Gegenkathete}}$
1.8.3 cot x	C.	$\frac{\text{Ankathete}}{\text{Hypothenuse}}$
	D.	$\frac{\text{Ankathete}}{\text{Gegenkathete}}$
	E.	$\frac{\text{Gegenkathete}}{\text{Ankathete}}$

1.8.4 Fragentyp C

Die kleinste Periode der trigonometrischen Funktionen sin x, cos x, tan x und cot x ist 2π,

__weil__

bei diesen Funktionen gilt:

$$\left\{ \begin{array}{c} \sin \\ \cos \\ \tan \\ \cot \end{array} \right\} (x + 2\pi) = \left\{ \begin{array}{c} \sin \\ \cos \\ \tan \\ \cot \end{array} \right\} (x)$$

1.8.5 Fragentyp A

Quadriert man die Funktion f(x) = sin x, so hat die neue Funktion g(x) = $\sin^2 x$

A. die doppelte Periode bei gleicher Amplitude

B. die gleiche Periode bei doppelter Amplitude

C. die halbe Periode bei halber Amplitude

D. die gleiche Periode und gleiche Amplitude

E. die halbe Periode bei doppelter Amplitude

1.8.6 Fragentyp C

Natürlicher Logarithmus und Zehnerlogarithmus sind einander proportional,

__weil__

aus den Rechenregeln für Potenzfunktionen folgt: ln x = 2,3026 lg x.

1.8.7   Fragentyp A

Welches der folgenden Rechenbeispiele ist richtig?

A. $\ln 8 = \ln 4 + \ln 4$
B. $\ln 8 = 2 \ln 4$
C. $\ln 8 = \ln 2 + \ln 4$
D. $\ln 8 = \frac{1}{3} \ln 2$
E. $\ln 8 = \ln 2 \cdot \ln 4$

1.8.8   Fragentyp C

Die Exponentialfunktion $\bar{y} = y_0 \, a^{-bx}$ geht aus der Exponentialfunktion $y = y_0 \, a^{+bx}$ durch Spiegelung an der y-Achse hervor,

weil

$\bar{y}(-x) = y(+x)$ gilt.

1.8.9   Fragentyp A

Für die Exponentialfunktion $y = y_0 \cdot a^{cx}$ (c > 0) gilt

A. $y(x \to +\infty) = 0$
B. $y(x \to -\infty) = 0$
C. $y(x = 0) = 0$
D. $y(-x) = -y(+x)$
E. $y < 0$ für $x < 0$

1.8.10   Fragentyp A

Die Umkehrfunktion einer Funktion erhält man durch Spiegelung

A. an der x-Achse
B. an der y-Achse
C. an der Winkelhalbierenden $y = x$
D. an der Winkelhalbierenden $y = -x$
E. am Koordinatenursprung

1.8.11   Fragentyp D

Die Umkehrfunktion der Funktion $y = e^x$ lautet

1) $x = e^y$
2) $y = \ln x$
3) $x = \ln y$
4) $y = e^{-x}$

Wählen Sie bitte die zutreffende Aussagenkombination.

A. Nur 1 ist richtig
B. Nur 3 ist richtig
C. Nur 1 und 2 sind richtig
D. Nur 1 und 3 sind richtig
E. Nur 2 und 4 sind richtig

1.9 Graphische Darstellung

1.9.1   Fragentyp A

Will man das Weg-Zeit-Gesetz des freien Falls durch eine Gerade graphisch darstellen, muß man die Koordinaten wie folgt unterteilen:

Wegkoordinate	Zeitkoordinate
A. linear	logarithmisch
B. linear	linear
C. logarithmisch	logarithmisch
D. logarithmisch	linear

E. Das Weg-Zeit-Gesetz des freien Falls läßt sich auf diese Weise durch keine Gerade darstellen.

1.9.2　　　　　　　　　　　　　　　　　　　　　　Fragentyp D

Ein Koordinatensystem mit logarithmisch geteilten Achsen wird verwendet, wenn

1) die Werte der Variablen sich über Zehnerpotenzen erstrecken
2) zwischen beiden Variablen ein Potenzzusammenhang des Typs: $y = a \cdot x^b$ erwartet wird
3) die Variablen exponentiell zusammenhängen: $y = y_0 \cdot \exp(a \cdot x)$

Wählen Sie bitte die zutreffende Aussagenkombination.

A. Nur 1 ist richtig

B. Nur 2 ist richtig

C. Nur 3 ist richtig

D. Nur 1 und 2 sind richtig

E. Nur 1, 2 und 3 sind richtig

1.10 Differential- und Integral-Rechnung

1.10.1　　　　　　　　　　　　　　　　　　　　　　Fragentyp C

Gegeben seien die beiden Punkte P_1 (x_1, y_1) und P_2 (x_2, y_2) einer stetigen Funktion $y = f(x)$. Unter dem Differentialquotienten dieser Funktion im Punkt P_1 versteht man die Steigung der Tangente an die Kurve in Punkt P_1,

<u>weil</u>

der Differentialquotient als Grenzwert des Differenzenquotienten $\frac{f(x_2) - f(x_1)}{x_2 - x_1}$ für $x_2 - x_1 = \Delta x \rightarrow 0$ definiert ist.

1.10.2　　　　　　　　　　　　　　　　　　　　　　Fragentyp C

Die Steigung einer Kurve, d.h. die Richtung der Tangente, gibt im allgemeinen nicht den Tangens des Winkels gegen die Horizontale an,

<u>weil</u>

dieser Winkel jeweils von den zufällig gewählten Skalenteilungen der x- und y-Achse abhängt.

1.10.3 Fragentyp D

Ist die erste Ableitung einer Funktion f(x) Null, die zweite Ableitung jedoch von Null verschieden, so hat die Funktion an dieser Stelle

1) den Funktionswert Null
2) ein Maximum
3) ein Minimum
4) einen Wendepunkt

Wählen Sie bitte die zutreffende Aussagenkombination.

A. Nur 1 und 2 sind richtig
B. Nur 1 und 3 sind richtig
C. Nur 2 und 3 sind richtig
D. Nur 1, 2 und 3 sind richtig
E. Nur 2, 3 und 4 sind richtig

1.10.4 Fragentyp A

Gegeben seien die beiden Punkte P_1 (x_1, y_1) und P_2 (x_2, y_2) einer stetigen Funktion $y = f(x)$. Unter dem Integral der Funktion von P_1 bis P_2 versteht man die Fläche zwischen der Kurve $f(x)$

A. den Geraden $x = x_1$ und $x = x_2$ und der x-Achse
B. den Geraden $y = y_1$ und $y = y_2$ und der y-Achse
C. und den Geraden $y = y_1$ und $x = x_2$
D. und den Geraden $y = y_2$ und $x = x_1$
E. und den beiden Achsen

1.10.5 Fragentyp C

Die Steigung der Funktion $y = e^x$ ist gleich dem Funktionswert selbst,

<u>weil</u>

immer gilt $\frac{d(e^x)}{dx} = e^x$.

2. Mechanik

2.1 Raum, Zeit

2.1.1   Fragentyp C

Die Zeit ist eine Basisgröße,

weil

sie durch ein Meßverfahren und eine Einheit festgelegt ist.

2.1.2   Fragentyp C

Die Zeit ist eine vektorielle Größe,

weil

sie nur in einer Richtung abläuft.

2.1.3   Fragentyp C

Die größte Zeiteinheit ist das Lichtjahr,

weil

das Licht in einem Jahr $l \approx 3 \cdot 10^8 \cdot 60 \cdot 60 \cdot 24 \cdot 365$ m zurücklegt.

2.1.4   Fragentyp C

Die Zeit ist eine Basisgröße,

weil

man sie mit Uhren mißt, die periodische Vorgänge abzählen.

2.1.5 Fragentyp D

Zeitspannen können mit folgenden Geräten gemessen werden:

1) Zähler
2) Elektronenstrahloszillograph
3) Schreiber

Wählen Sie bitte die zutreffende Aussagenkombination.

A. Nur 1 ist richtig
B. Nur 2 ist richtig
C. Nur 3 ist richtig
D. Nur 1 und 2 sind richtig
E. Alle Aussagen sind richtig

2.1.6 Fragentyp D

Ein rotierender Pfeil wird stroboskopisch beleuchtet. Man sieht dann einen stehenden Pfeil, wenn

1) die Frequenz der Stroboskoplampe und die Umlauffrequenz des Pfeils übereinstimmen
2) die Umlauffrequenz des Pfeils ein ganzzahliges Vielfaches der Frequenz der Stroboskoplampe beträgt
3) die Frequenz der Stroboskoplampe ein ganzzahliges Vielfaches der Umlauffrequenz des Pfeils beträgt

Wählen Sie bitte die zutreffende Aussagenkombination.

A. Nur 1 ist richtig
B. Nur 2 ist richtig
C. Nur 1 und 2 sind richtig
D. Nur 1 und 3 sind richtig
E. Alle Aussagen sind richtig

2.1.7 Fragentyp A

Der Elektronenstrahloszillograph erzeugt ein stehendes Bild eines periodischen Signals, weil

A. die Frequenz des aufzuzeichnenden Signals und die Ablenkfrequenz übereinstimmen
B. der Oszillograph immer an der gleichen Stelle (Phase) des aufzuzeichnenden Signals zu schreiben beginnt
C. sich der interne Generator des Oszillographen dem aufzuzeichnenden Signal anpaßt
D. die horizontale Ablenkung des Elektronenstrahls sägezahnförmig verläuft
E. Keine Antwort ist richtig

2.2 Bewegung in Raum und Zeit (Kinematik)

2.2.1   Fragentyp C

Das Geschwindigkeit-Zeit-Diagramm einer gleichförmig beschleunigten Bewegung ist immer eine Gerade durch den Nullpunkt,

weil

die Beschleunigung als Steigung einer Geraden konstant ist.

2.2.2 Fragentyp E

In Abb. 2.1 sind verschiedene Bewegungen dargestellt.
Eine Beschleunigung von a = 0,5 m/s² findet man bei der
Bewegung

A. ①
B. ②
C. ③
D. ④
E. ⑤

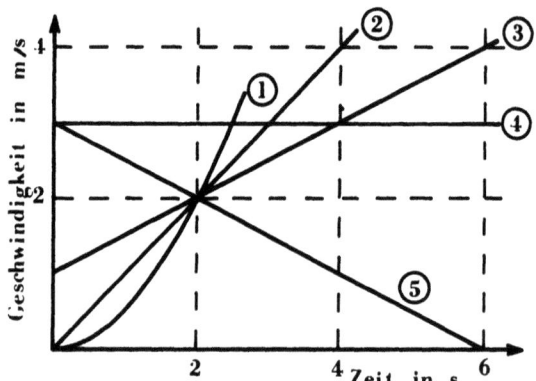

Abb. 2.1

2.2.3 Fragentyp E

Zur Zeit t = 2 s findet man die größte Beschleunigung
der Bewegungen aus Abb. 2.1 bei der Bewegung

A. ①
B. ②
C. ③
D. ④
E. ⑤

2.2.4   Fragentyp A

Der Schall legt in der Luft in drei Sekunden einen Weg von einem Kilometer zurück. Die Fortpflanzungsgeschwindigkeit beträgt daher

A. 1 km/s
B. 3 km/s
C. $3 \cdot 10^8$ m/s
D. 1/3 km/s
E. 1200 Stundenkilometer

2.2.5   Fragentyp A

Ein Sprinter läuft die 100-m-Strecke in 10 s. Dann beträgt seine mittlere Geschwindigkeit

A. 1 km/s
B. 100 m/s
C. 1/10 m/s
D. 0,01 m/s
E. 36 km/h

2.2.6   Fragentyp C

Bei einer gleichförmig beschleunigten Bewegung hängt die Geschwindigkeit quadratisch mit der Zeit zusammen,

weil

bei einer gleichförmig beschleunigten Bewegung die Geschwindigkeit nicht konstant ist.

2.2.7   Fragentyp C

Bei einer gleichförmigen Bewegung ist die Beschleunigung Null,

weil

bei einer gleichförmigen Bewegung die Geschwindigkeit linear vom Weg abhängt.

2.2.8 Fragentyp C

Der freie Fall ist eine gleichförmig beschleunigte Bewegung,

<u>weil</u>

die Geschwindigkeit beim freien Fall stetig zunimmt.

2.2.9 Fragentyp E

In Abb. 2.2 sind verschiedene Bewegungen dargestellt. Gleichförmig beschleunigte Bewegungen sind die Bewegungen

A. Nur ① und ③
B. Nur ① , ③ und ④
C. Nur ②
D. Nur ④
E. Nur ①

2.2.10 Fragentyp E

Gleichförmige Bewegungen in Abb. 2.2 sind die Bewegungen

A. Nur ① , ③ und ④
B. Nur ②
C. Nur ③
D. Nur ④
E. Nur ① und ③

Abb. 2.2

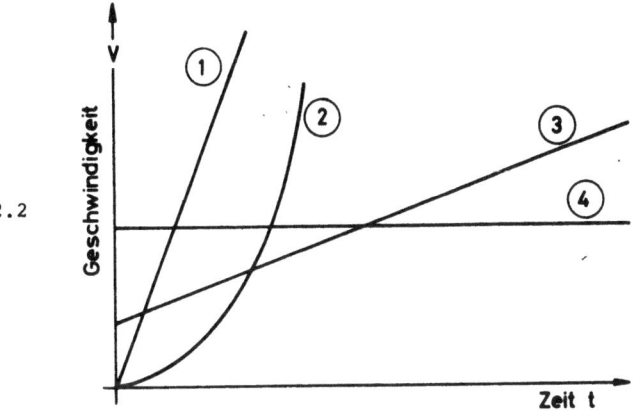

2.2.11 Fragentyp C

Bei der Abbremsung eines Körpers ist die Beschleunigung, die auf den Körper wirkt, kleiner als die Geschwindigkeit,

<u>weil</u>

die Beschleunigung entgegengesetzt zur Geschwindigkeit gerichtet ist.

2.2.12 Fragentyp A

Eine Geschwindigkeitsabnahme eines Körpers wird dadurch erreicht, daß

A. die Wirkung einer Beschleunigung aufgehoben wird
B. eine Beschleunigung senkrecht zum Körper ausgeübt wird
C. eine Beschleunigung senkrecht zur Bahn ausgeübt wird
D. eine zur Richtung der Geschwindigkeit entgegengerichtete Beschleunigung wirkt
E. eine Kraft in Fortpflanzungsrichtung wirkt

2.2.13 Fragentyp E

Die in Abb. 2.3 a dargestellte Geschwindigkeit-Zeit-Kurve gehört zu folgenden Weg-Zeit-Kurven der Abb. 2.3 b:

A. Nur zu ①
B. Zu ② und ③
C. Zu ③ und ④
D. Nur zu ④
E. Zu ② und ④

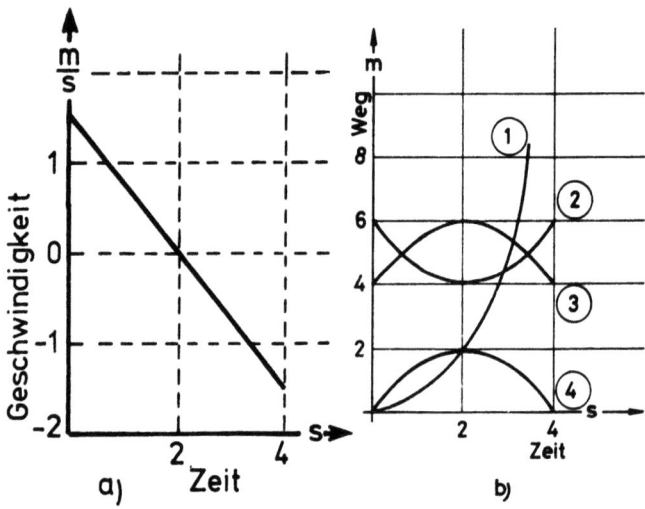

Abb. 2.3 a und b

2.2.14 Fragentyp A

Wenn sich die Geschwindigkeit eines Körpers verdoppelt, dann

A. verdoppelt sich seine kinetische Energie
B. verdoppelt sich seine träge Masse

C. verdoppelt sich seine Beschleunigung
D. vervierfacht sich seine Beschleunigung
E. vervierfacht sich seine kinetische Energie

2.2.15   Fragentyp C

Der freie Fall ist eine gleichförmige Bewegung,

weil

die Beschleunigung gleichförmig zunimmt.

2.2.16   Fragentyp D

Gleichförmig beschleunigte Bewegungen sind (Reibung vernachlässigt)

1) der freie Fall
2) die rollende Kugel auf horizontaler Glasplatte
3) die Bewegung der Masse eines schwingenden Fadenpendels
4) die Bewegung eines geladenen Körpers im homogenen elektrischen Feld

Wählen Sie bitte die zutreffende Aussagenkombination.

A. Nur 1 ist richtig
B. Nur 1 und 2 sind richtig
C. Nur 1 und 4 sind richtig
D. Nur 2 und 4 sind richtig
E. Nur 1, 3 und 4 sind richtig

2.2.17   Fragentyp E

Die Geschwindigkeit eines Körpers mit dem Weg-Zeit-Diagramm nach Abb. 2.4 ist am größten zur Zeit

A. t_1
B. t_2
C. t_3
D. t_4
E. t_5

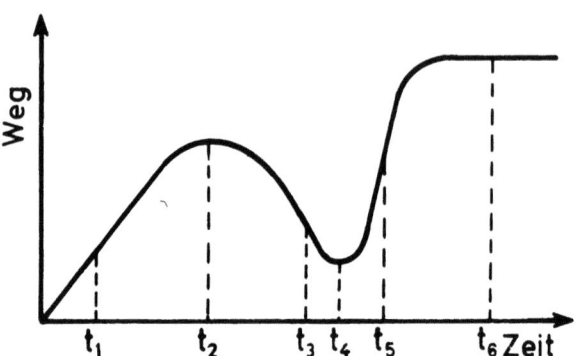

Abb. 2.4

2.2.18   Fragentyp E

Die Geschwindigkeit des Körpers (Abb. 2.4) ist negativ zur Zeit

A. t_1
B. t_2
C. t_3
D. t_4
E. t_5

2.2.19   Fragentyp E

Die Geschwindigkeit des Körpers (Abb. 2.4) ist Null nur zur Zeit

1) t_1
2) t_2
3) t_3
4) t_4
5) t_5
6) t_6

Wählen Sie bitte die zutreffende Aussagenkombination.

A. Nur 1 und 5 sind richtig
B. Nur 2 und 4 sind richtig
C. Nur 2, 4 und 6 sind richtig
D. Nur 6 ist richtig
E. Nur 3 und 5 sind richtig

2.2.20   Fragentyp E

Die Beschleunigung des Körpers (Abb. 2.4) ist am größten zur Zeit

A. t_1
B. t_2
C. t_3
D. t_4
E. t_5

2.2.21   Fragentyp E

Die Beschleunigung des Körpers (Abb. 2.4) ist nur Null zur Zeit

A. t_1 und t_2
B. t_2 und t_4
C. t_1, t_3 und t_5
D. t_1, t_3, t_5 und t_6
E. t_6

2.2.22   Fragentyp E

Ein Körper bewegt sich vom Ort s_1 zum Ort s_2 in der Zeit t_2 (Abb. 2.5):

A. Am Ort s_1 ist die Momentangeschwindigkeit des Körpers größer als die Durchschnittsgeschwindigkeit während des Zeitintervalls t_2.
B. Am Ort s_2 ist die Momentangeschwindigkeit des Körpers größer als die Durchschnittsgeschwindigkeit während des Zeitintervalls t_2.
C. Am Ort s_2 ist die Momentangeschwindigkeit kleiner als die Durchschnittsgeschwindigkeit.
D. Die Momentangeschwindigkeit ist zur Zeit t_2 gleich Null.
E. Am Ort s_2 ist die Momentangeschwindigkeit genau so groß wie die Durchschnittsgeschwindigkeit im Zeitintervall t_2.

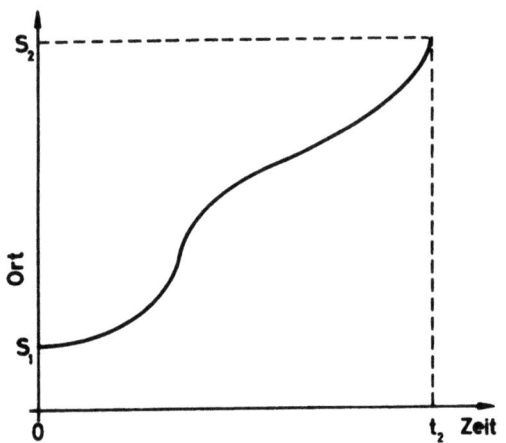

Abb. 2.5

2.2.23   Fragentyp C

Das quadratische Weg-Zeit-Gesetz "s proportional t^2" gilt für den freien Fall eines Körpers,

<u>weil</u>

er dort mit $g = 9,81$ m/s^2 beschleunigt wird.

2.2.24　　　　　　　　　　　　　　　　　　　　Fragentyp A

Ein Körper bewegt sich auf einer Kreisbahn mit dem Radius r. Wenn seine Bahngeschwindigkeit verdoppelt wird, dann

A. nimmt seine Winkelgeschwindigkeit um das Vierfache zu
B. nimmt seine Winkelgeschwindigkeit um die Hälfte ab
C. bleibt die Winkelgeschwindigkeit unter Umständen konstant
D. wird die Winkelgeschwindigkeit leicht größer
E. Keine der obigen Aussagen ist richtig

2.2.25　　　　　　　　　　　　　　　　　　　　Fragentyp A

Die Einheit der Winkelgeschwindigkeit ist

A. s
B. ms^{-1}
C. ms
D. s^{-1}
E. s^{-2}

2.2.26 Fragentyp D

Ein Körper bewegt sich auf einer Kreisbahn mit konstanter Winkelgeschwindigkeit ω.

1) Auf den Körper muß eine Kraft wirken, denn die Bewegung ist nicht gleichförmig.
2) Auch bei konstanter Winkelgeschwindigkeit ist der Betrag der Bahngeschwindigkeit nicht konstant.
3) Der Betrag der Winkelgeschwindigkeit ω kann aus dem Betrag der Bahngeschwindigkeit v nach der Gleichung ω = r v berechnet werden.
4) Die Umlaufdauer T berechnet sich aus $T = 2\pi/\omega$.

Wählen Sie bitte die zutreffende Aussagenkombination.

A. Nur 1 und 4 sind richtig
B. Nur 4 ist richtig
C. Nur 2, 3 und 4 sind richtig
D. Nur 2 und 3 sind richtig
E. Nur 1, 3 und 4 sind richtig

2.2.27 Fragentyp A

Ein Auto fährt mit einer konstanten Geschwindigkeit von v = 180 km/Std. In zwei Sekunden legt es dann den Weg s zurück:

A. s = 5 m
B. s = 10 m
C. s = 50 m
D. s = 100 m
E. s = 333 m

2.2.28 Fragentyp A

Die Geschwindigkeit ist definiert durch

A. Zeitänderung durch Wegänderung
B. Wegänderung durch Zeitänderung
C. Beschleunigung mal Zeit
D. Wegänderung mal Zeit
E. Beschleunigungsdifferenz durch Zeitdifferenz

2.2.29   Fragentyp E

Ein Auto fährt zunächst mit einer konstanten Geschwindigkeit von 30 m/s. Vom Zeitpunkt t_1 ab wirkt eine Beschleunigung auf das Auto, deren Wirkung zur Zeit t_2 aufhört. Die Beschleunigung als Funktion der Zeit ist in Abb. 2.6 dargestellt. Zur Zeit t_2 fährt das Auto mit einer Geschwindigkeit

A. -3 m/s

B. 13,5 m/s

C. 16,5 m/s

D. 27 m/s

E. 29,67 m/s

Abb. 2.6

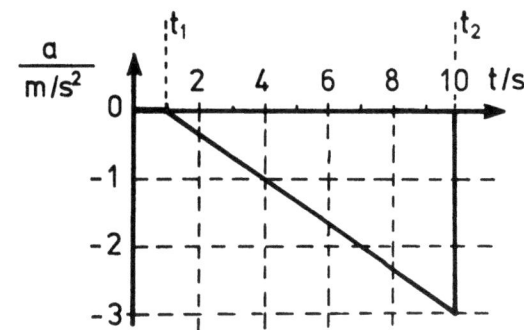

2.2.30   Fragentyp A

Zwei Stahlkugeln verschiedener Masse werden zur gleichen Zeit von einem Turm fallen gelassen (die Luftreibung soll vernachlässigt werden). Wenn beide Kugeln sich einen Meter über dem Erdbogen befinden, dann haben beide Kugeln

A. gleiche Gewichtskraft

B. gleiche Beschleunigung

C. gleiche potentielle Energie

D. gleiche kinetische Energie

E. gleichen Impuls

2.2.31
2.2.32
2.2.33
2.2.34   Fragentyp B

Die in Liste 1 aufgeführten Größen werden durch die in Liste 2 aufgeführten Definitionsgleichungen definiert.

Liste 1	Liste 2

2.2.31 Mittlere Geschwindigkeit   A. $\dfrac{\Delta s}{\Delta t}$

2.2.32 Mittlere Beschleunigung   B. $\dfrac{dv}{dt}$

2.2.33 Momentanbeschleunigung   C. $\dfrac{v}{(\Delta t)^2}$

2.2.34 Momentangeschwindigkeit   D. $\dfrac{\Delta v}{\Delta t}$

                                                         E. $\dfrac{ds}{dt}$

2.2.35   Fragentyp E

Im Diagramm (Abb. 2.7) ist die Geschwindigkeit eines Körpers als Funktion der Zeit dargestellt. Die Beschleunigung des Körpers zur Zeit t_1 ist

A. 0 m/s^2

B. 25 m/s^2

C. 30 m/s^2

D. 150 m/s^2

E. 300 m/s^2

Abb. 2.7

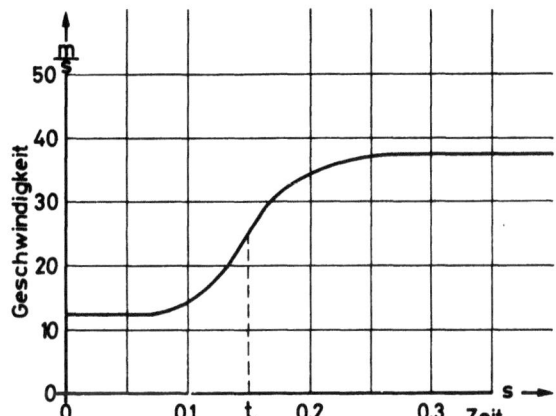

2.2.36 Fragentyp A

Eine Kugel der Masse m falle von einem Turm. Nach einer Fallstrecke s erreicht die Kugel die Geschwindigkeit v. Diese Geschwindigkeit ist proportional zu

A. m
B. m^2
C. $1/m$
D. $1/\sqrt{m}$
E. Keine der obigen Aussagen ist richtig

2.2.37 Fragentyp A

Eine gleichförmig beschleunigte Bewegung ist

A. im Weg-Zeit-Diagramm ein linearer Graph
B. durch eine gleichmäßig zunehmende Beschleunigung charakterisiert
C. durch eine konstante Geschwindigkeit charakterisiert
D. im Beschleunigungs-Zeit-Diagramm durch eine Gerade parallel zur Zeit-Achse darstellbar
E. Keine der obigen Aussagen ist richtig

2.3 Bewegung von Körpern unter dem Einfluß von Kräften

2.3.1 Fragentyp C

Die Masse ist als Basisgröße keine abgeleitete Größe,

weil

die Masseneinheit Kilogramm als verkörperte Einheit (Platin-Iridium-Klotz) festgesetzt ist.

2.3.2 Fragentyp C

Ohne Krafteinwirkung fliegt ein Körper mit konstanter Geschwindigkeit geradlinig fort,

weil

die Beschleunigung auf den Körper ohne Krafteinwirkung Null ist.

2.3.3 Fragentyp D

Auf einen Körper mit der Geschwindigkeit v werde keine Kraft ausgeübt. Welche der untenstehenden Aussagen sind dann richtig?

1) Der Körper kommt allmählich zur Ruhe, da er durch Reibung abgebremst wird.
2) Der Körper fliegt mit konstanter Geschwindigkeit v weiter.
3) Der Körper erfährt keine Beschleunigung.
4) Auf den Körper wirkt eine Trägheitskraft.

Wählen Sie bitte die zutreffende Aussagenkombination.

A. Nur 1 und 2 sind richtig
B. Nur 1 und 3 sind richtig
C. Nur 2 und 3 sind richtig
D. Nur 1 und 4 sind richtig
E. Nur 2 ist richtig

2.3.4   Fragentyp A

Die Kraft ist definiert durch

A. 1/2 Masse mal Geschwindigkeitsquadrat
B. Geschwindigkeit mal Masse
C. Beschleunigung mal Masse
D. Masse mal Geschwindigkeit durch Zeitquadrat
E. 1/2 Masse mal Beschleunigungsquadrat

2.3.5   Fragentyp A

Die Einheit der Kraft ist

A. m kg s
B. m kg s^{-1}
C. m kg s^{-2}
D. kg m^{-1} s^{-1}
E. kg m^2 s^{-2}

2.3.6   Fragentyp E

Ein Körper sei um die Achse A drehbar gelagert (Abb. 2.8). Im Punkt E greife die Kraft F an. Dadurch wird auf den Körper ein Drehmoment ausgeübt. Das Drehmoment errechnet sich aus dem Produkt Kraft mal

A. Strecke AB

B. Strecke AC

C. Strecke AD

D. Strecke AE

E. Strecke AG

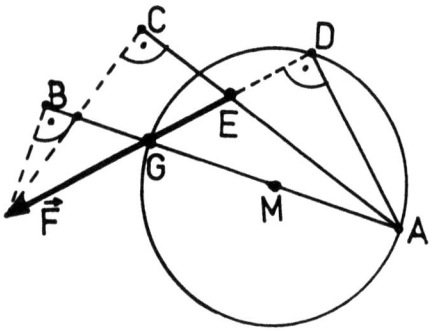

Abb. 2.8

2.3.7   Fragentyp A

An einem Körper greifen zwei gleich große Kräfte unter einem Winkel α = 120° an. Die resultierende Kraft

A. ist dem Betrag nach größer als eine Einzelkraft

B. steht senkrecht auf einer Einzelkraft

C. unterscheidet sich von den angreifenden Kräften nur durch die Richtung

D. ist halb so groß wie eine Einzelkraft

E. Keine der obigen Aussagen ist richtig

2.3.8   Fragentyp C

Wirken auf einen Körper zwei Kräfte, so wird er immer beschleunigt,

<u>weil</u>

die Summe der beiden Kräfte stets eine Kraft ergibt, die eine Beschleunigung zur Folge hat.

2.3.9   Fragentyp A

Ein Kräftepaar sind

A. zwei gleich große parallele Kräfte, die in die gleiche Richtung wirken

B. zwei in einem Punkt angreifende gleich große entgegengesetzt wirkende Kräfte mit verschiedenen Wirkungslinien

C. zwei gleich große gleichgerichtete Kräfte mit verschiedenen parallelen Wirkungslinien

D. zwei nach Betrag und Richtung gleiche Kräfte

E. Keine der obigen Aussagen ist richtig

2.3.10   Fragentyp A

Ein Körper, der im Schwerefeld der Erde auf einer zur Erdoberfläche parallelen Achse drehbar gelagert ist, befindet sich im labilen Gleichgewicht, wenn

A. sein Schwerpunkt in der Ebene Drehachse-Erdmittelpunkt oberhalb der Drehachse liegt

B. sein Schwerpunkt in der Ebene Drehachse-Erdmittelpunkt unterhalb der Drehachse liegt

C. Die Drehachse durch den Schwerpunkt des Körpers hindurchgeht

D. der Schwerpunkt näher an der Erdoberfläche liegt als die Drehachse

E. der Schwerpunkt lediglich weiter von der Erdoberfläche entfernt liegt als die Drehachse

2.3.11 Fragentyp C

Befindet sich ein starrer Körper im Schwerefeld, so dreht er sich um den Schwerpunkt,

<u>weil</u>

der Schwerpunkt derjenige Punkt ist, in dem der starre Körper gelagert werden muß, damit er in jeder beliebigen Lage im Gleichgewicht bleibt.

2.3.12 Fragentyp E

In Abb. 2.9 sind fünf verschiedene Schnittzeichnungen von dicken Brettern dargestellt. Welches Brett fällt um?

A. ①
B. ②
C. ③
D. ④
E. ⑤

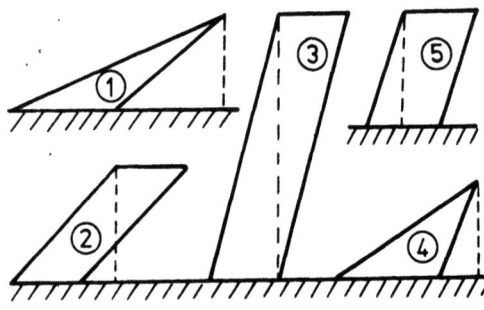

Abb. 2.9

2.3.13 Fragentyp E

Das in Abb. 2.10 skizzierte drehbare Balkensystem befindet sich im Gleichgewicht. Wenn l_1 = 20 cm, l_2 = 2 cm, l_3 = 15 cm, m_2 = 30 g und m_3 = 20 g ist, dann folgt für die unbekannte Masse m_1

A. 15 g
B. 17 g
C. 18 g
D. 20 g
E. 50 g

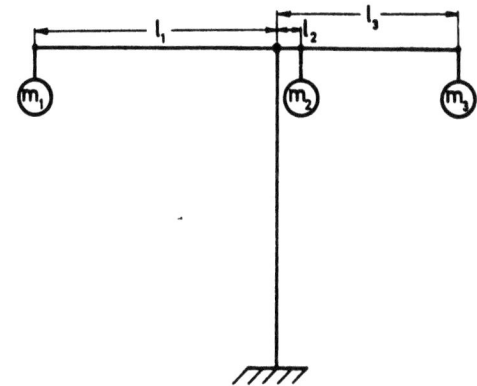

Abb. 2.10

2.3.14   Fragentyp A

Ein Körper mit der Masse m wird aus seiner Ruhelage mit einer konstanten Beschleunigung a bewegt. Er erreicht nach der Zeit t die Geschwindigkeit v_g. Seine kinetische Energie beträgt dann zur Zeit t

A. $\frac{a}{2} t^2$

B. $\frac{m}{2} v_g^2$

C. $m\, a$

D. $a\, t$

E. $m\, v_g$

2.3.15   Fragentyp D

Auf einen Körper wirke die konstante Kraft F.

1) Der Körper erfährt eine konstante Beschleunigung.
2) In einem beliebigen Zeitintervall kann der Körper eine Momentangeschwindigkeit auch mehrmals annehmen.
3) Die Darstellung der Bewegung im Weg-Zeit-Diagramm ist eine Parabel.
4) In einem Zeitinterval $\Delta t = t_2 - t_1$ bedeutet die mittlere Geschwindigkeit die Steigung der Sekanten an die Weg-Zeit-Kurve in t_1 und t_2.

Wählen Sie bitte die zutreffende Aussagenkombination.

A. Nur 1 ist richtig
B. Nur 1, 2 und 3 sind richtig
C. Nur 2, 3 und 4 sind richtig
D. Nur 1, 2 und 4 sind richtig
E. Nur 1, 3 und 4 sind richtig

2.3.16   Fragentyp D

Bei welchen der genannten Unfälle spielt die Trägheit der Masse bei der Entstehung der Verletzung die entscheidende Rolle?

1) Ein Autofahrer fährt frontal auf eine Mauer.
2) Ein Kind schlägt mit dem Hinterkopf auf den Boden.
3) Ein Kind trifft mit einem Pfeil das Auge eines Freundes.
4) Ein Kind schneidet sich mit einem Messer.

Wählen Sie bitte die zutreffende Aussagenkombination.

A. Nur 2 ist richtig
B. Nur 4 ist richtig
C. Nur 1 und 2 sind richtig
D. Nur 1, 2 und 3 sind richtig
E. Nur 3 und 4 sind richtig

2.3.17 Fragentyp E

An einem Körper greifen zwei parallele Kräfte an (Abb. 2.11). Ihre Kraftrichtung ist entgegengesetzt, die Beträge sind gleich groß ($F_1 = F_2 = F$). Dieses Kräftepaar bewirkt ein Drehmoment D:

A. $D = F \cdot l_2$ (l_2 Abstand der beiden Kraftwirkungslinien)
B. $D = 2 \cdot F \cdot l_2$
C. $D = 0,5 \cdot F \cdot l_2$
D. $D = F \cdot l_1$ (l_1 Abstand der Kraftangriffspunkte)
E. $D = 2 \cdot F \cdot l_1$

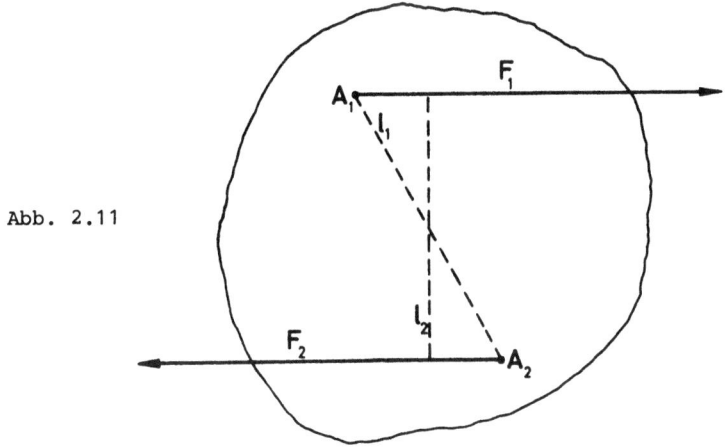

Abb. 2.11

2.3.18 Fragentyp C

Wird ein starrer Körper im Schwerpunkt gelagert, dann bleibt er in jeder beliebigen Lage im Gleichgewicht,

weil

auf jedes Volumenelement des Körpers im Schwerefeld der Erde zwar die Gewichtskraft wirkt, die Resultierende dieser Kräfte aber im Schwerpunkt angreift.

2.3.19 Fragentyp C

Wenn auf einen Körper im Schwerefeld der Erde die Schwerkraft wirkt und er dadurch frei fällt, dann wirkt auf die Erde vom Körper her eine gleich große entgegengesetzte Kraft,

<u>weil</u>

zwischen zwei beliebigen Körpern immer eine Wechselwirkung herrscht.

2.4 Kräfte, Wechselwirkungen

2.4.1 Fragentyp D

Die Coulombkraft als Bindungskraft zwischen den molekularen Bausteinen der Körper

1) findet man bei der heteropolaren Bindung
2) findet man bei der homöopolaren Bindung
3) findet man bei der van der Waals-Bindung
4) nimmt mit dem Quadrat des Abstandes ab

Wählen Sie bitte die zutreffende Aussagenkombination:

A. Nur 1 ist richtig
B. Nur 2 ist richtig
C. Nur 3 ist richtig
D. Nur 4 ist richtig
E. Nur 1 und 4 sind richtig

2.4.2 Fragentyp D

Zwei Ionen im Abstand r üben aufeinander Coulombkräfte aus, wenn

1) das Ion 1 positiv und das Ion 2 negativ geladen ist
2) das Ion 1 negativ und das Ion 2 positiv geladen ist
3) das Ion 1 positiv und das Ion 2 positiv geladen ist
4) das Ion 1 negativ und das Ion 2 negativ geladen ist

Wählen Sie bitte die zutreffende Aussagenkombination.

A. Nur 1 und 2 sind richtig
B. Nur 3 und 4 sind richtig
C. Nur 1, 2 und 3 sind richtig
D. Nur 1, 2 und 4 sind richtig
E. Alle Aussagen sind richtig

2.4.3   Fragentyp C

Man muß unterscheiden zwischen den physikalischen Größen Gewicht und Gewichtskraft,

weil

die Gewichtskraft die Kraft im Schwerefeld der Erde und damit ortsabhängig ist, während das Gewicht (die Masse) ortsunabhängig ist.

2.4.4   Fragentyp A

Im einfachsten Fall wächst die Reibungskraft, die ein Körper bei seiner Bewegung erfährt, proportional

A. zum zurückgelegten Weg
B. zur Geschwindigkeit
C. zum Geschwindigkeitsquadrat
D. zur Beschleunigung
E. zum Beschleunigungsquadrat

2.4.5 Fragentyp D

Bei der Wechselwirkung zwischen Atomkern und Atomhülle spielen folgende Wechselwirkungen die entscheidende Rolle:

1) Gravitation
2) Elektromagnetische Wechselwirkung
3) Kernkräfte

Wählen Sie bitte die zutreffende Aussagenkombination.

A. Nur 1 ist richtig
B. Nur 2 ist richtig
C. Nur 3 ist richtig
D. Nur 1 und 2 sind richtig
E. Nur 2 und 3 sind richtig

2.4.6 Fragentyp D

Bei der chemischen Bindung spielen die folgenden Wechselwirkungen die entscheidende Rolle:

1) Gravitation
2) Elektromagnetische Wechselwirkung
3) Kernkräfte

Wählen Sie bitte die zutreffende Aussagenkombination.

A. Nur 1 ist richtig
B. Nur 2 ist richtig
C. Nur 3 ist richtig
D. Nur 1 und 2 sind richtig
E. Nur 2 und 3 sind richtig

2.4.7
2.4.8
2.4.9 Fragentyp B

Liste 1 enthält Strahlungen, die beim radioaktiven Zerfall entstehen können. Welche der Wechselwirkungskräfte in Liste 2 spielen bei der Wechselwirkung dieser Strahlen mit Materie die entscheidende Rolle?

Liste 1   Liste 2

2.4.7 α-Strahlen   A. Nur Gravitationskräfte
2.4.8 β-Strahlen   B. Nur elektromagnetische Kräfte
2.4.9 γ-Strahlen   C. Nur Kernkräfte
                         D. Gravitationskräfte und elektromagnetische Kräfte gleichermaßen
                         E. Elektromagnetische Kräfte und Kernkräfte gleichermaßen

2.5 Arbeit, Energie, Leistung, Impuls

2.5.1   Fragentyp C

Die Hubarbeit an einem Körper wird verringert, wenn er auf einer schiefen Ebene heraufgeführt wird,

weil

die aufzuwendende Kraft auf der schiefen Ebene stets kleiner ist als beim direkten Heben des Körpers.

2.5.2   Fragentyp A

Jemand hebt eine Kugel vom Boden auf und legt sie auf einen Tisch. Wenn man die Gewichtskraft der Kugel kennt, benötigt man, um die an der Kugel verrichtete Arbeit zu berechnen, noch folgende Information:

A. Die Kraft, mit der die Kugel angehoben wurde
B. Wie schnell die Kugel angehoben wurde
C. Auf welchem Weg die Kugel angehoben wurde
D. Nichts weiter
E. Keine der obigen Aussagen ist richtig

2.5.3 Fragentyp A

Leistung ist gleich

A. Kraft mal Masse
B. Geschwindigkeit mal Kraft
C. Beschleunigung mal Masse
D. Masse mal Geschwindigkeit
E. Energie mal Zeit

2.5.4 Fragentyp A

Wenn ein Körper mit der Masse m in Ruhe ist und sich in einer Höhe h über dem Boden befindet, dann ist seine potentielle Energie gegeben durch (Erdbeschleunigung g)

A. $m\,g$
B. $m\,g\,h$
C. $\frac{g}{2} h^2$
D. $\frac{m}{2} v^2$
E. $2\,g\,h$

2.5.5
2.5.6
2.5.7
2.5.8
2.5.9
2.5.10 Fragentyp B

Die in Liste 1 aufgeführten mechanischen Größen haben die in Liste 2 aufgeführten Einheiten im Internationalen Einheitensystem

Liste 1		Liste 2
2.5.5	Leistung	A. $N \cdot m$
2.5.6	Arbeit	B. $m \cdot s^{-1}$
2.5.7	Geschwindigkeit	C. W
2.5.8	Impuls	D. $kg \cdot m \cdot s^{-2}$
2.5.9	Kraft	E. $kg \cdot m \cdot s^{-1}$
2.5.10	Drehmoment	

2.5.11 Fragentyp C

Die Einheit der Leistung ist die Wattsekunde,

<u>weil</u>

Leistung "Arbeit durch Zeit" ist.

2.5.12 Fragentyp C

Läßt man auf einen Körper kurzzeitig (Δt) eine Kraft F wirken, so erhöht er seinen Impuls,

<u>weil</u>

die Impulsänderung eines Körpers gleich seinem Kraftstoß $F \cdot \Delta t$ ist.

2.5.13 Fragentyp E

Ein Körper wird eine schiefe Ebene hinaufgezogen (Abb. 2.12). Die Reibung zwischen Ebene und dem Körper soll vernachlässigt werden. Was müssen Sie noch zusätzlich wissen, um die Arbeit auszurechnen, die an diesem Körper verrichtet wurde, wenn Sie die Gewichtskraft des Körpers kennen?

A. Den Winkel α der schiefen Ebene

B. Die Kraft, mit der der Körper gehoben wurde

C. Wie schnell der Körper gehoben wurde

D. Wie hoch der Körper gehoben wurde

E. Die Länge der schiefen Ebene

Abb. 2.12

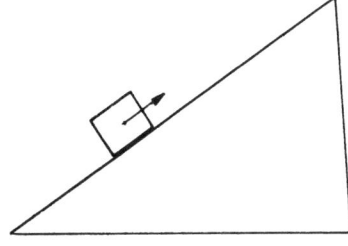

2.5.14 Fragentyp A

Zwischen den physikalischen Begriffen Impuls und Kraft besteht folgender Zusammenhang:

A. Impuls und Kraft sind nur bei Drehbewegungen verschieden
B. Eine Kraftwirkung auf einen Körper bewirkt eine Impulsänderung
C. Bei konstantem Impuls des Körpers wirkt auf ihn eine konstante Kraft
D. Impulsänderung durch Zeitinterval ist gleich dem Kraftstoß
E. Zwei Körper mit gleicher Masse haben den gleichen Impuls, wenn auf beide die gleiche Kraft wirkt

2.5.15 Fragentyp C

Die Bewegungsgröße eines Körpers ist als "Masse mal Geschwindigkeit" definiert,

<u>weil</u>

sie mit dieser Definition von den Kräften, die auf den Körper wirken, nicht beeinflußt wird.

2.5.16 Fragentyp C

Arbeit und Drehmoment sind physikalisch gleiche Größen,

<u>weil</u>

Arbeit und Drehmoment die gleiche Einheit Nm haben.

2.5.17 Fragentyp D

Sie kennen den Blutdruck in der Aorta. Dann liefert Ihnen der Satz: "das Herz leistet etwa 1,4 W", die zusätzliche Informationen:

1) Die kinetische Energie des strömenden Blutes in der Aorta
2) Die mittlere Volumenstromstärke des Blutes in der Aorta

3) Den Strömungswiderstand des Kreislaufes
4) Die mittlere Volumenarbeit des Herzens

Wählen Sie bitte die zutreffende Aussagenkombination.

A. Nur 1, 2 und 3 sind richtig
B. Nur 2, 3 und 4 sind richtig
C. Nur 1, 3 und 4 sind richtig'
D. Nur 1, 2 und 4 sind richtig
E. Alle Aussagen sind richtig

2.6 Mengenbegriffe, bezogene Größen

2.6.1   Fragentyp C

Die Teilchenanzahldichte hat die Einheit m^{-3},

<u>weil</u>

Dichten volumenbezogene Größen sind.

2.6.2   Fragentyp D

Größen zur Angabe der Menge eines Stoffes sind

1) Teilchenanzahl
2) Gehalt
3) Konzentration
4) Masse
5) Stoffmenge

Wählen Sie bitte die zutreffende Aussagenkombination.

A. Nur 4 und 5 sind richtig
B. Nur 1, 2 und 4 sind richtig
C. Nur 1, 4 und 5 sind richtig
D. Nur 2, 4 und 5 sind richtig
E. Nur 2 und 3 sind richtig

2.6.3 Fragentyp C

Die reziproke Stoffmengendichte ist unter Normalbedingungen für alle idealen Gase gleich groß,

weil

das molare Volumen der idealen Gase unter Normalbedingungen V_{molar} = 22,4 dm³/mol beträgt.

2.6.4 Fragentyp C

Die Stoffmengendichte von Aluminium und Eisen sind gleich groß,

weil

sich in 1 mol Aluminium und 1 mol Eisen gleich viele Atome befinden.

2.6.5
2.6.6
2.6.7
2.6.8
2.6.9
2.6.10 Fragentyp B

Die in Liste 1 aufgeführten physikalischen Grössen haben die in Liste 2 aufgeführten Einheiten

Liste 1	Liste 2
2.6.5 Spezifisches Volumen	A. kg m^{-3}
2.6.6 Teilchenanzahl	B. m³ kg^{-1}
2.6.7 Stoffmenge	C. 1
2.6.8 Teilchenanzahldichte	D. m^{-3}
2.6.9 Massendichte	E. mol
2.6.10 Massengehalt	

2.6.11 Fragentyp A

In 2 l Wasser werden 10 g Kalziumchlorid (CaCl2) gelöst. Dann ist die (der)

A. Stoffmengendichte der Kalziumionen doppelt so groß wie die der Chlorionen
B. Massengehalt der Kalziumionen halb so groß wie der der Chlorionen
C. Normalität der Kalziumionen doppelt so groß wie die der Clorionen
D. Stoffmengengehalt der Kalziumionen halb so groß wie der der Clorionen
E. Molarität beider Ionensorten gleich groß

2.6.12 Fragentyp C

1 mol Wasser hat die Masse 18 g,

<u>weil</u>

die molare Teilchenanzahl von Wasser $N_{molar} = 6,02 \cdot 10^{23}$ mol^{-1} beträgt.

2.6.13 Fragentyp C

Die molare Teilchenanzahl aller Stoffe ist gleich,

<u>weil</u>

molare Größen stoffmengenbezogene Größen sind.

2.6.14 Fragentyp A

Welche der folgenden Aussagen ist falsch? Das molare Volumen

A. ist definiert als Volumen durch Stoffmenge
B. ist der Kehrwert der spezifischen Stoffmenge
C. ist der Kehrwert der Stoffmengendichte
D. aller idealen Gase ist bei gleichem Druck und gleicher Temperatur gleich
E. vom Wasser beträgt $V_{molar} = 18$ cm^3/mol

2.6.15 Fragentyp A

15 g Zucker und 75 g Kochsalz werden miteinander vermischt. Dann ist der Massengehalt des Zuckers in dieser Mischung

A. 1/5
B. 1/6
C. $\frac{1}{3} + \frac{1}{6}$
D. 0,133
E. 15%

2.7 Verformung fester Körper unter dem Einfluß von Kräften im Gleichgewicht

2.7.1 Fragentyp E

In Abb. 2.13 sind für vier verschiedene Materialien Spannungs-Dehnungs-Diagramme mit logarithmisch geteilten Koordinaten gezeichnet. Das Hookesche Gesetz gilt für folgende Kurven:

A. 1 und 2
B. 1 und 3
C. 2 und 3
D. 2 und 4
E. 3 und 4

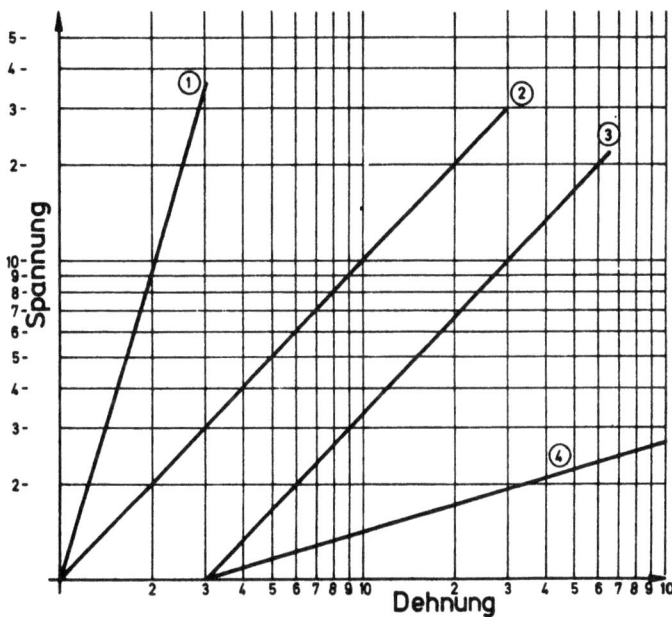

Abb. 2.13

2.7.2 Fragentyp A

Ein Eisendraht wird um eine kleine Längenänderung Δx gedehnt. Was muß man noch zusätzlich kennen, um die elastische Energie auszurechnen, die in diesem Eisendraht gespeichert ist?

A. Nichts weiter

B. Nur den Elastizitätsmodul des Eisendrahtes

C. Nur die Kraft, die man braucht, um die Auslenkung aufrecht zu erhalten

D. Nur die Länge des Drahtes

E. Nur die Querschnittsfläche des Drahtes

2.7.3   Fragentyp E

Ein Eisenstab wird unter der Wirkung einer elastischen
Spannung gedehnt. Das Spannungs-Dehnungs-Diagramm ist
in Abb. 2.14 qualitativ dargestellt. In welchen physikalischen Einheiten sind Ordinate bzw. Abszisse skaliert?

A. Ordinate: N/m^2 Abszisse: reine Zahl
B. Ordinate: N   Abszisse: m
C. Ordinate: N/m^2 Abszisse: m
D. Ordinate: N   Abszisse: reine Zahl
E. Ordinate: reine Zahl   Abszisse: N/m^2

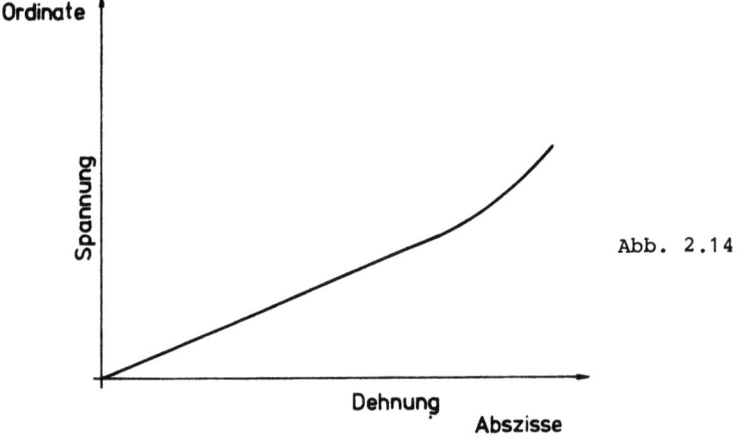

Abb. 2.14

2.7.4   Fragentyp C

Die Beziehung "Spannung durch Dehnung ist gleich dem
Elastizitätsmodul" ist das Hookesche Gesetz,

weil

das Hookesche Gesetz lautet: "Die Dehnung ist proportional der angelegten Spannung".

2.7.5 Fragentyp E

Ein Kupferstab wird unter der Einwirkung einer elastischen Spannung gedehnt. Sein Spannungs-Dehnungs-Diagramm ist in Abb. 2.15 qualitativ dargestellt.

A. Bei der Dehnung ε_1 ist der Elastizitätsmodul des Materials größer als bei der Dehnung ε_2.

B. Bei der Dehnung ε_1 ist der Elastizitätsmodul des Materials kleiner als bei der Dehnung ε_2.

C. Bei der Dehnung ε_1 ist der Elastizitätsmodul des Materials genauso groß wie bei der Dehnung ε_2.

D. Jede der obigen Aussagen kann zutreffen, da der Elastizitätsmodul aus dem Diagramm nur dann abgelesen werden kann, wenn die Länge des Stabes bekannt ist.

E. Ohne Angabe der Querschnittsfläche des Stabes kann keine Aussage gemacht werden.

Abb. 2.15

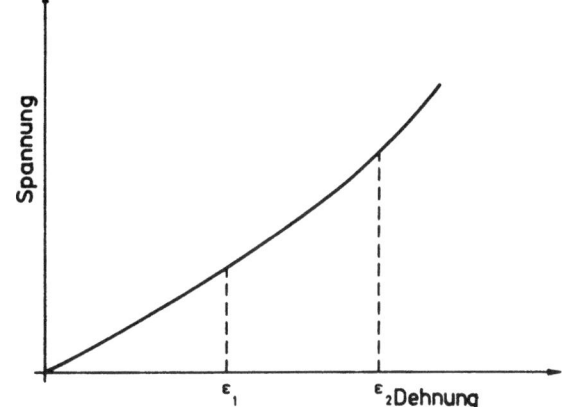

2.7.6   Fragentyp E

Die Dehnung eines Stabes folgt dem in Abb. 2.16 dargestellten Kraftgesetz. Gilt bei ihm für den betrachteten
Dehnungsbereich das Hookesche Gesetz?

A. Nein

B. Ja

C. Dies kann man ohne Kenntnis der Gesamtlänge des
   Stabes nicht beantworten.

D. Dies läßt sich nur bei Kenntnis des Elastizitätsmodul beantworten.

E. Dies läßt sich nur bei Kenntnis der gesamten geometrischen Daten des Stabes eindeutig beantworten.

Abb. 2.16

2.7.7   Fragentyp C

In einem Spannungs-Dehnungs-Diagramm ist die Hookesche
Gerade für Stahl steiler als für Messing,

<u>weil</u>

der Elastizitätsmodul für Stahl etwa doppelt so groß ist
wie für Messing.

2.8 Fluide (Flüssigkeiten, Gase) unter dem Einfluß von Kräften

2.8.1 Fragentyp A

Gegeben sind fünf Flüssigkeiten und fünf Quader mit gleichen Abmessungen aus Zink, Buchenholz, Kiefernholz, Kork und Holzkohle mit ihren Dichten. In welcher der dargestellten Kombinationen taucht der Quader am tiefsten in die Flüssigkeit ein?

A. Zink (7 g/cm^3) in Quecksilber (14 g/cm^3)
B. Buchenholz ($0,7 \text{ g/cm}^3$) in Tetrachlorkohlenstoff ($1,6 \text{ g/cm}^3$)
C. Kieferholz ($0,5 \text{ g/cm}^3$) in Benzol ($0,9 \text{ g/cm}^3$)
D. Kork ($0,2 \text{ g/cm}^3$) in Benzin ($0,7 \text{ g/cm}^3$)
E. Holzkohle ($0,4 \text{ g/cm}^3$) in Wasser (1 g/cm^3)

2.8.2 Fragentyp A

Ein Körper schwimmt in einer Flüssigkeit, wenn

A. seine Dichte größer als die der Flüssigkeit ist
B. sein spezifisches Volumen kleiner als das der Flüssigkeit ist
C. die vom Körper verdrängte Flüssigkeitsmenge eine kleinere Masse hat als der Körper
D. der Auftrieb kleiner als die Gewichtskraft der verdrängten Flüssigkeitsmenge ist
E. Keine der obigen Aussagen ist richtig

2.8.3 Fragentyp C

Ein Körper schwebt in einer Flüssigkeit, wenn die Massendichten von Körper und Flüssigkeit gleich sind,

weil

bei gleichen Massendichten Auftrieb und Gewichtskraft des Körpers gleich sind.

2.8.4   Fragentyp A

Man kann die Konzentration einer Salzlösung so einstellen, daß alle frischen Eier in der Lösung schweben. Dieses Phänomen setzt voraus, daß folgende Größe bei allen Eiern gleich ist

A. Volumen

B. Gewichtskraft

C. Dichte

D. Masse

E. Form

2.8.5   Fragentyp C

Drückt man einen Stempel in einen Behälter mit Flüssigkeit, so nimmt der Druck über der Strecke x (Stempel - untere Gefäßwand) zu (Abb. 2.17),

weil

bei einem mit Wasser gefüllten Gefäß der Druck auf den Gefäßboden von der Höhe der Wassersäule abhängt.

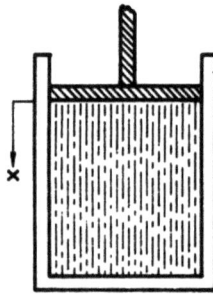

Abb. 2.17

2.8.6   Fragentyp E

Gegeben sind vier verschiedene Gefäße verschiedener Form, die bis zur Höhe h mit Wasser gefüllt sind. In welchem der in Abb. 2.18 dargestellten Falle ist der Druck des Wassers auf den Gefäßboden am größten?

A. ①
B. ②
C. ③
D. ④
E. Kann ohne Angabe der Fläche des Gefäßbodens nicht entschieden werden

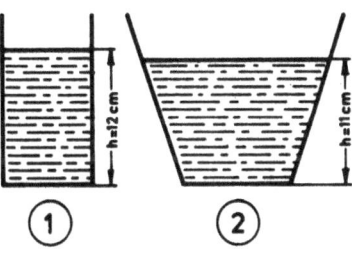

Abb. 2.18

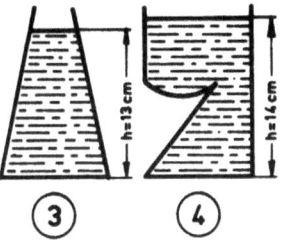

2.8.7   Fragentyp A

Ein Körper wird vollkommen in eine Flüssigkeit getaucht.
Er erfährt einen Auftrieb. Welche Größen müssen Sie
kennen, um den Auftrieb auszurechnen?

A. Volumen und Dichte des Körpers
B. Volumen und Gewichtskraft des Körpers
C. Volumen des Körpers und Volumen der Flüssigkeit
D. Volumen des Körpers und Dichte der Flüssigkeit
E. Volumen der Flüssigkeit und Dichte des Körpers

2.8.8   Fragentyp E

Wenn ein Quader (Abb. 2.19) in eine Flüssigkeit getaucht wird, so herrscht an seiner oberen Oberfläche A_o ein kleinerer Druck als an seiner unteren Oberfläche A_u,

weil

der Schweredruck von der Flüssigkeitstiefe abhängt.

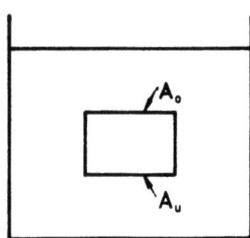

Abb. 2.19

2.8.9
2.8.10
2.8.11
2.8.12   Fragentyp B

Die in Liste 1 aufgeführten mechanischen Größen haben die in Liste 2 aufgeführten Definitionsgleichungen.

Liste 1	Liste 2
2.8.9 Bahngeschwindigkeit	A. Masse durch Stoffmenge
2.8.10 Druck	B. Wegdifferenz durch Zeitdifferenz
2.8.11 Stoffmengendichte	C. Stoffmenge durch Volumen
2.8.12 Leistung	D. Kraft durch Fläche
	E. Kraft mal Weg durch Zeit

2.9 Kräfte an Grenzflächen

2.9.1 Fragentyp C

In einer Kapillarröhre steigt eine benetzende Flüssigkeit höher als dem äußeren Flüssigkeitsspiegel entspricht,

weil

bei benetzenden Flüssigkeiten die Molekularkräfte innerhalb der Flüssigkeit diejenigen zwischen Flüssigkeit und Wand überwiegen.

2.9.2 Fragentyp D

Welche der dargestellten Fälle beruht auf dem Phänomen der Kohäsion?

1) Ein Behälter mit Flüssigkeit wird durch einen Schlauchheber entleert.
2) Ein Quecksilbertropfen hat Kugelgestalt.
3) Eine Glasscheibe wird durch entspanntes Wasser benetzt.
4) Ein Nebeltropfen fällt mit konstanter Geschwindigkeit zur Erde.

Wählen Sie bitte die zutreffende Aussagenkombination.

A. Nur 2 ist richtig
B. Nur 3 und 4 sind richtig
C. Nur 1 und 3 sind richtig
D. Nur 2 und 3 sind richtig
E. Nur 1 und 2 sind richtig

2.9.3 Fragentyp C

Kohäsion und Adhäsion sind synonyme Begriffe,

weil

man sowohl unter Kohäsion als auch unter Adhäsion Kraftwirkungen zwischen Molekülen versteht.

2.9.4　　　　　　　　　　　　　　　　　　Fragentyp C

Um Moleküle aus dem Inneren einer Flüssigkeit an die Flüssigkeitsoberfläche zu bringen, muß Arbeit geleistet werden,

<u>weil</u>

Moleküle in der Oberfläche einer Flüssigkeit eine resultierende Kraft in das Innere der Flüssigkeit erfahren.

2.9.5　　　　　　　　　　　　　　　　　　Fragentyp C

Die Grenzflächenspannung und die Flächendichte der Grenzflächenenergie sind physikalisch verschiedene Begriffe,

<u>weil</u>

die Grenzflächenspannung die Einheit $N\ m^{-1}$ hat.

2.9.6　　　　　　　　　　　　　　　　　　Fragentyp E

Eine Flüssigkeitslamelle, die die Fläche zwischen einem U-förmig gebogenen Draht und einem darauf verschiebbaren Bügel ausfüllt, wird mittels des Bügels auseinander gezogen. Dazu muß eine gewisse Kraft F auf den Bügel wirken. Diese Kraft F (Abb. 2.20) ist

A. konstant

B. proportional zu x

C. proportional zu x^2

D. proportional zu $1/x$

E. proportional zu $\sqrt{x}$

Abb. 2.20

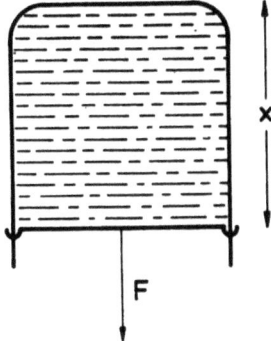

2.10 Strömung von Fluiden (Flüssigkeiten, Gase)

2.10.1 Fragentyp A

Durch zwei Strömungswiderstände (Kapillaren) R_1 und R_2, die hintereinander geschaltet sind, fließt Flüssigkeit. Der Strömungswiderstand R_1 ist größer als R_2. Kreuzen Sie die richtigen Aussagen an.

A. Die Volumenstromstärke im Strömungswiderstand R_1 ist gleich der Volumenstromstärke im Strömungswiderstand R_2.

B. Die Volumenstromstärke im Strömungswiderstand R_1 ist kleiner als die im Strömungswiderstand R_2.

C. Die Volumenstromstärke im Strömungswiderstand R_1 ist größer als die im Strömungswiderstand R_2.

D. Es kann je nach Gesamtdruckdifferenz (Druckdifferenz über beiden Kapillaren) Fall A, B oder C zutreffen.

E. Die Druckdifferenzen über beiden Kapillaren sind gleich.

2.10.2   Fragentyp A

Von zwei parallel laufenden gleichen Blutkapillaren
(gleicher Durchmesser und gleiche Länge) wird eine still-
gelegt. Wenn bei gleicher Druckdifferenz die gleiche
Flüssigkeitsmenge strömen soll, muß der Radius der anderen Kapillaren um folgenen Faktor vergrößert werden

A. $\sqrt[4]{2}$
B. $\sqrt[2]{2}$
C. 2
D. 4
E. 16

2.10.3   Fragentyp E

In Abb. 2.21 ist die Druckdifferenz-Volumenstromstärke-
Kennlinie einer Flüssigkeit durch eine Kapillare
qualitativ gezeichnet. Kreuzen Sie die richtige Aussage
an.

A. Die Zähigkeit dieser Flüssigkeit nimmt mit zunehmender Volumenstromstärke zu.

B. Die Zähigkeit dieser Flüssigkeit hängt nicht von der
   Volumenstromstärke ab.

C. Die Zähigkeit dieser Flüssigkeit nimmt mit zunehmender
   Volumenstromstärke ab.

D. Alle drei der oben genannten Aussagen A, B und C
   können zutreffen.

E. Um die richtige Entscheidung fällen zu können, muß
   man noch die Abmessungen der Kapillaren kennen.

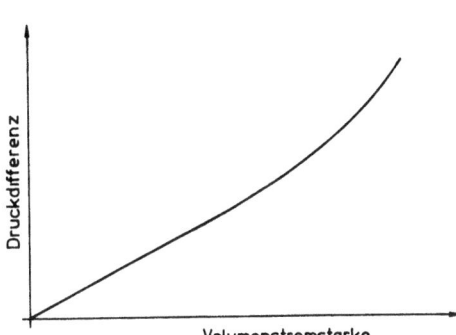

Abb. 2.21

2.10.4 Fragentyp A

Eine Kapillare mit der Länge l = 10 cm und der kreisförmigen Querschnittsfläche A_1 = 1 mm² wird von einer Newtonschen Flüssigkeit mit der Zähigkeit η_1 = 2 · 10^{-2} Ns/m² durchflossen. Eine zweite Kapillare mit der kreisförmigen Querschnittsfläche A_2 = 2 mm² durchströmt eine Newtonsche Flüssigkeit mit der Zähigkeit η_2 = 4 · 10^{-2} Ns/m². Wie lang wurde die zweite Kapillare gewählt, wenn für beide Kapillaren der gleiche Strömungswiderstand gemessen wird?

A. 40 cm

B. 20 cm

C. 10 cm

D. 5 cm

E. 2,5 cm

2.10.5 Fragentyp A

Zwei Kapillaren gleicher Länger werden parallel geschaltet. Kapillare 1 hat einen Durchmesser von 1 mm. Kapillare 2 einen Durchmesser von 2 mm. Mit welchem Faktor muß man den Strömungswiderstand der Kapillaren 1 multiplizieren, um den Strömungswiderstand des Gesamtsystems zu erhalten?

A. 1/17

B. 1/16

C. 1/9

D. 1/8

E. 1/2

2.10.6   Fragentyp C

Die Volumenstromstärke einer Flüssigkeit bei konstanter Druckdifferenz über der Kapillare ist temperaturabhängig,

weil

sich bei jeder Temperatur die Stromstärken zweier Flüssigkeiten wie die Zähigkeiten verhalten.

2.10.7   Fragentyp E

In Abb. 2.22 ist der Strömungswiderstand einer Kapillaren mit kreisförmigem Querschnitt in Abhängigkeit von einer Geometrievariablen der Kapillaren in willkürlichen Einheiten in logarithmisch geteilten Koordinaten aufgetragen. Um welche Variablen handelt es sich?

A. Durchmesser der Kapillaren

B. Radius der Kapillaren

C. Länge der Kapillaren

D. Querschnittsfläche der Kapillaren

E. Volumen der Kapillaren

Abb. 2.22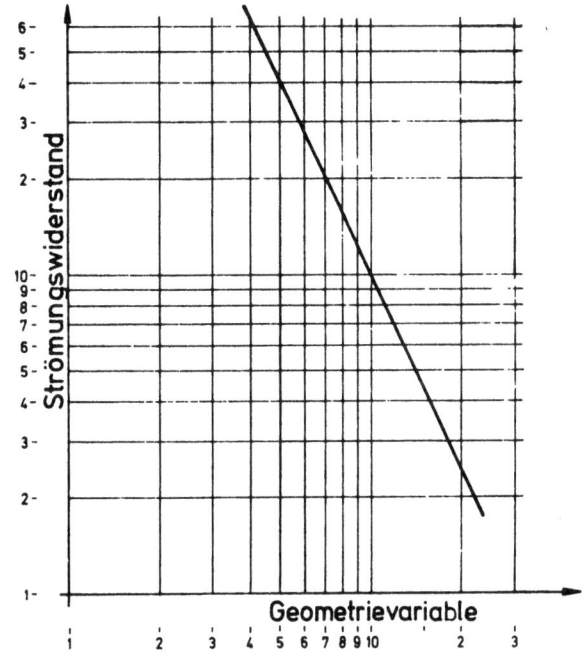

2.10.8 Fragentyp C

Die Zähigkeit nimmt mit Temperaturerhöhung ab,

<u>weil</u>

die Zähigkeit als Quotient "Schubspannung durch Geschwindigkeitsgefälle" definiert ist.

2.10.9   Fragentyp E

In Abb. 2.23 ist der Leitwert einer Kapillaren mit kreisförmigem Querschnitt in Abhängigkeit von einer Geometrievariablen in willkürlichen Einheiten in logarithmisch geteilten Koordinaten aufgetragen. Dabei handelt es sich um die Geometrievariable

1) Durchmesser
2) Radius
3) Länge
4) Querschnittsfläche

Wählen Sie bitte die zutreffende Aussagenkombination.

A. Nur 3 ist richtig
B. Nur 4 ist richtig
C. Nur 1 und 2 sind richtig
D. Nur 2 und 3 sind richtig
E. Nur 1 und 3 sind richtig

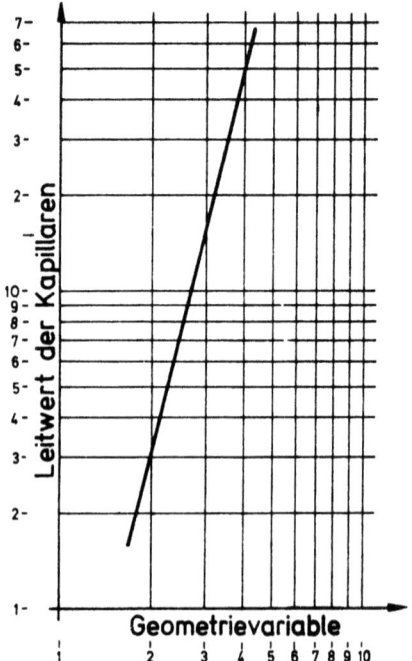

Abb. 2.23

2.10.10 Fragentyp E

In Abb. 2.24 ist das Volumenstromstärke-Druckdifferenz-Diagramm eines Glycerin-Wassergemisches durch eine Kapillare dargestellt. Der Strömungswiderstand dieser Kapillaren für diese Flüssigkeit beträgt

A. $1{,}400 \cdot 10^{-3} \frac{Ns}{m^5}$

B. $0{,}714 \cdot 10^{10} \frac{Ns}{m^5}$

C. $0{,}714 \cdot 10^{-3} \frac{Ns}{m^5}$

D. $1{,}400 \cdot 10^{10} \frac{Ns}{m^5}$

E. $1{,}400 \cdot 10^{-10} \frac{Ns}{m^5}$

Abb. 2.24

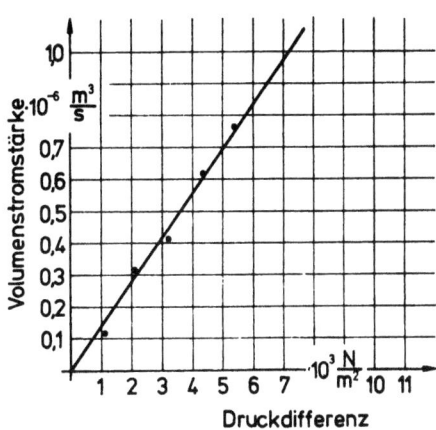

2.10.11 Fragentyp A

Durch eine Kapillare mit der kreisförmigen Querschnittsfläche A und der Länge l fließt in laminarer Strömung eine Newtonsche Flüssigkeit mit der Volumenstärke I_V. Um welchen Faktor ändert sich die Volumenstromstärke I_V, wenn die Kapillare durch eine andere Kapillare doppelter Länge und doppelter kreisförmiger Querschnittsfläche ersetzt wird?

A. Sie wird halb so groß

B. Sie bleibt gleich groß

C. Sie verdoppelt sich

D. Sie verdreifacht sich

E. Sie vervierfacht sich

2.10.12 Fragentyp A

Schaltet man zwei gleich große Kapillaren parallel, so gilt für das neue System:

A. Der Widerstand ist doppelt so groß wie bei einer Kapillaren.

B. Der Leitwert ist doppelt so groß wie bei einer Kapillaren.

C. Die Stromstärke ist nur halb so groß wie bei einer Kapillaren.

D. Die Stromstärke bleibt die gleiche.

E. Man hätte das Gleiche erreicht, wenn man eine Kapillare mit doppeltem Radius genommen hätte.

2.10.13 Fragentyp D

Die Volumenstromstärke einer Flüssigkeit in einer Kapillaren

1) nimmt mit der Temperaturerhöhung ab

2) ist unabhängig von der Druckdifferenz zwischen Anfang und Ende der Kapillaren

3) ist proportional zur 4. Potenz des Radius der Kapillaren

4) hat im Internationalen Einheitensystem die Einheit m^3/s

Wählen Sie bitte die zutreffende Aussagenkombination.

A. Nur 1, 2 und 4 sind richtig
B. Nur 1 und 2 sind richtig
C. Nur 1 und 3 sind richtig
D. Nur 2 und 4 sind richtig
E. Nur 3 und 4 sind richtig

2.10.14   Fragentyp D

Eine Kugel sinkt in einer Flüssigkeit mit konstanter Geschwindigkeit. Dabei ist (sind)

1) die Beschleunigung a = 0
2) die Reibungskraft auf die Kugel gleich der Gewichtskraft der Kugel
3) die Sinkgeschwindigkeiten von Kugeln mit gleichem Radius, aber verschiedener Dichte gleich
4) die Sinkgeschwindigkeit temperaturabhängig

Wählen Sie bitte die zutreffende Aussagenkombination.

A. Nur 1 ist richtig
B. Nur 3 ist richtig
C. Nur 1 und 2 sind richtig
D. Nur 3 und 4 sind richtig
E. Nur 1 und 4 sind richtig

2.10.15   Fragentyp C

Die Zähigkeit Newtonscher Flüssigkeiten ist konstant, unabhängig von der Stromstärke,

weil

die Stromstärke-Druckdifferenz-Kennlinie eine Gerade durch den Nullpunkt ist.

2.10.16 Fragentyp C

Der Widerstand einer Kapillaren hängt außer von den geometrischen Größen auch von der Zähigkeit der Flüssigkeit ab,

<u>weil</u>

die Widerstände einer Kapillaren sich wie die Zähigkeiten verhalten.

2.10.17 Fragentyp D

Bei der Strömung durch eine Kapillare

1) tritt bei hinreichend großer Volumenstärke eine kräftige Erhöhung des Strömungswiderstandes auf
2) wird durch Turbulenz die Volumenstromstärke vergrößert
3) schlägt die laminare Strömung bei hinreichend großen Volumenstromstärken in eine turbulente um
4) wird bei Verwirbelung der Strömung der Strömungswiderstand etwas kleiner

Wählen Sie bitte die zutreffende Aussagenkombination.

A. Nur 1 und 2 sind richtig
B. Nur 1 und 3 sind richtig
C. Nur 1 und 4 sind richtig
D. Nur 2 und 3 sind richtig
E. Nur 2 und 4 sind richtig

2.10.18 Fragentyp A

Um den Strömungswiderstand einer Kapillaren auf der Ordinate in Abhängigkeit vom Kapillarenradius auf der Abszisse <u>linear</u> graphisch darzustellen, muß man folgende Koordinateneinteilung wählen:

A. Ordinate: logarithmisch   Abszisse: logarithmisch
B. Ordinate: linear   Abszisse: linear
C. Ordinate: linear   Abszisse: quadratisch
D. Ordinate: linear   Abszisse: logarithmisch
E. Ordinate: logarithmisch   Abszisse: linear

3. Struktur der Materie

3.1 Aufbau der Atomkerne und Atome

3.1.1 Fragentyp D

Vergleichen Sie folgende Aussagen über ein Atom:

1) Der Durchmesser des Atoms beträgt etwa 10^{-10} m.
2) Die Elektronen in der Hülle und die Protonen bzw. Neutronen im Kern haben die gleiche Ladung.
3) Die Elektronen in der Hülle und die Protonen bzw. Neutronen im Kern haben die gleiche Masse.
4) Isotope Elemente unterscheiden sich in der relativen Atommasse.

Wählen Sie bitte die zutreffende Aussagenkombination.

A. Nur 1, 2 und 4 sind richtig
B. Nur 1 und 2 sind richtig
C. Nur 2 und 4 sind richtig
D. Nur 1 und 3 sind richtig
E. Nur 1 und 4 sind richtig

3.1.2 Fragentyp C

Die Stoffmenge von 4 g Methan (CH_4) beträgt $\nu = 0,25$ mol,

weil

die relative Molekülmasse von Methan $M_r = 16$ ist.

3.1.3 Fragentyp D

Ein Heliumatom

1) hat zwei Protonen und zwei Elektronen im Kern
2) hat die etwa vierfache Masse eines Wasserstoffatoms
3) hat einen Radius in der Größenordnung R ≈ 10^{-10} cm
4) hat als Edelgas eine abgeschlossene Elektronenschale

Wählen Sie bitte die zutreffende Aussagenkombination.

A. Nur 1 und 2 sind richtig
B. Nur 1 und 3 sind richtig
C. Nur 1 und 4 sind richtig
D. Nur 1, 2 und 3 sind richtig
E. Nur 2, 3 und 4 sind richtig

3.1.4 Fragentyp C

Die spezifische Ladung der Elektronen ist rund 2000mal größer als die der Protonen,

weil

die Masse der Elektronen rund 2000mal größer als die der Protonen ist.

3.1.5 Fragentyp A

Es sind jeweils m = 10 g der folgenden Stoffe mit ihren relativen Atommassen (bzw. Molekülmassen) gegeben: Wasserstoff ($M_r(H_2)$ = 2), Helium ($A_r(He)$ = 4), Methan ($M_r(CH_4)$ = 16), Stickstoff ($M_r(N_2)$ = 28) und Kohlendioxid ($M_r(CO_2)$ = 44). Die größte Stoffmenge hat der Stoff

A. CH_4
B. CO_2
C. H_2
D. He
E. N_2

3.1.6   Fragentyp C

Das Symbol $_{2}^{4}He$ kann für ein α-Teilchen benutzt werden,

<u>weil</u>

das α-Teilchen aus zwei Elektronen und vier schweren Teilchen, den Protonen und Neutronen, besteht.

3.1.7   Fragentyp C

Das H-Atom hat fast die gleiche Masse wie ein Proton,

<u>weil</u>

nahezu die gesamte Masse des Atoms im Kern vereinigt ist.

3.1.8   Fragentyp C

Die relativen Atommassen von Elementen ohne Verunreinigungen (andere Elemente) sind nahezu ganze Zahlen,

<u>weil</u>

nach dem Reinigungsprozeß jeweils nur ein Isotop übrig bleibt.

3.1.9   Fragentyp C

Im einfachsten Modell des Wasserstoffatoms kreist das Elektron auf einer Kreisbahn um das Proton,

<u>weil</u>

wie im Beispiel Erde-Mond das Elektron durch die Massenanziehungskraft auf einer Kreisbahn um das schwerere Proton geführt wird.

3.1.10   Fragentyp A

Ein Sauerstoffatom besteht aus einem Kern aus

A. Neutronen und Elektronen, der von einer Wolke aus
   Protonen umgeben ist
B. Protonen und Elektronen, der von einer Wolke aus
   Neutronen umgeben ist
C. Neutronen, der von einer Wolke aus Elektronen und
   Protonen umgeben ist
D. Protonen und Neutronen, der von einer Wolke aus
   Elektronen umgeben ist
E. Neutronen, der von einer Wolke aus Elektronen umgeben ist

3.1.11   Fragentyp C

Die Anzahl der Elektronen in der Hülle eines Atoms ist
von der Anzahl der Neutronen im Kern des Atoms im
allgemeinen verschieden,

weil

Elektronen negativ geladen sind.

3.1.12   Fragentyp D

Welche Aussagen zum Begriff "Isotop" sind richtig?
Isotope haben

1) gleiche relative Atommasse, aber verschiedene
   Kernladungszahl.
2) die gleiche Struktur in ihren Elektronenhüllen
3) gleiche Kernladungszahl, aber verschiedene relative
   Atommasse.
4) unterschiedliche Strukturen in ihren Elektronenhüllen.

Wählen Sie bitte die zutreffende Aussagenkombination.

A. Nur 1 und 4 sind richtig
B. Nur 2 ist richtig
C. Nur 1 und 2 sind richtig
D. Nur 2 und 3 sind richtig
E. Nur 3 und 4 sind richtig

3.1.13   Fragentyp D

Ein Atom wird ionisiert. Kreuzen Sie die richtigen Aussagen an.

1) Die Elektronenhülle des Atoms hat ein Elektron abgegeben.
2) Der Atomkern hat ein Elektron abgegeben.
3) Die Elektronenhülle des Atoms hat ein Elektron aufgenommen.
4) Der Atomkern hat ein Elektron aufgenommen.

Wählen Sie bitte die zutreffende Aussagenkombination.

A. Nur 1 ist richtig
B. Nur 2 ist richtig
C. Nur 3 ist richtig
D. Nur 1 und 3 sind richtig
E. Nur 2 und 4 sind richtig

3.1.14   Fragentyp C

Die Anzahl der Protonen im Kern und die Anzahl der Elektronen in der Hülle eines Atoms sind immer gleich groß,

weil

ein Atom elektrisch neutral ist.

3.1.15   Fragentyp C

Das Elektron eines Wasserstoffatoms kann seinen Energiezustand nur unter Aussendung bzw. Absorption eines Energiequants ändern,

weil

es sich nur in ganz bestimmten Schalen des Atoms aufhalten kann.

3.1.16 Fragentyp C

Atome können im Grundzustand Energiequanten nur absorbieren,

weil

Atome im Grundzustand ihr Energiemaximum besitzen.

3.1.17
3.1.18
3.1.19
3.1.20
3.1.21
3.1.22 Fragentyp B

Die in Liste 1 aufgeführten Teilchen haben die in Liste 2 aufgeführten Vielfache der Elementarladung e.

Liste 1	Liste 2
3.1.17 Na-Ion im NaCl-Kristall	A. − 2 e
3.1.18 Proton	B. − e
3.1.19 H-Atom	C. 0
3.1.20 Neutron	D. + e
3.1.21 He-Kern	E. + 2 e
3.1.22 Elektron	

3.1.23 Fragentyp A

Valenzelektronen sind die Elektronen,

A. die dem Kern benachbart sind und sich in einer Edelgasschale befinden

B. die elektropositiven Elementen entzogen werden müssen, um die Elektronenhülle bis zur äußersten abgeschlossenen Elektronenschale abzubauen

C. die sich in abgeschlossenen Schalen befinden

D. die für die Bindung der Elektronenschalen an den Kern verantwortlich sind

E. die für die Bindung der Elektronenschalen unter sich verantwortlich sind

3.1.24   Fragentyp C

Die Energie, die man einem Edelgasatom zuführen muß, um
es zu ionisieren, ist klein im Vergleich mit anderen
Atomen,

weil

abgeschlossene Elektronenschalen dazu neigen, Elektronen
abzustoßen.

3.1.25   Fragentyp C

Die ersten sechs Perioden im Periodensystem der Elemente
werden immer durch ein Edelgas abgeschlossen,

weil

nur bei den Edelgasen die Anzahl der Valenzelektronen
gleich der in der Atomhülle ist.

3.2 Aufbau der Körper, Grundbegriffe der kinetischen Theorie

3.2.1   Fragentyp E

Welche Kurve in Abb. 3.1 zeigt die Charakteristika der Maxwellschen Geschwindigkeitsverteilung?

A. ①
B. ②
C. ③
D. ④
E. ⑤

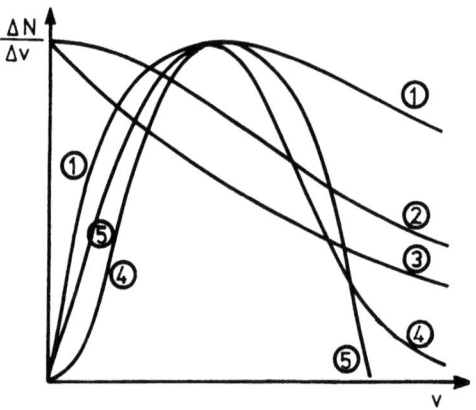

Abb. 3.1

3.2.2   Fragentyp C

Der Gasdruck kommt durch die auf die Wand aufprallenden Moleküle zustande,

<u>weil</u>

durch den Aufprall auf die Wand die kinetische Energie des Moleküls geändert wird und diese, dividiert durch die Wandfläche, den Druck ergibt.

3.2.3 Fragentyp C

Ein Gas nimmt jedes ihm zur Verfügung stehende Volumen voll ein,

<u>weil</u>

ein Gas aus vielen Molekülen besteht, die mit hoher Geschwindigkeit regellos im zur Verfügung stehenden Raum herumfliegen.

3.2.4 Fragentyp C

Der Druck eines Gases auf die Gefäßwand entsteht durch die Stöße der Moleküle auf die Wand,

<u>weil</u>

die Moleküle beim Aufprallen auf die Wand einen Impuls auf die Wand übertragen

3.2.5 Fragentyp C

Flüssigkeiten setzen im Gegensatz zu festen Körpern langsamen Formveränderungen nur geringen Widerstand entgegen,

<u>weil</u>

sich die Flüssigkeitsmoleküle trotz konstantem Volumen leicht gegeneinander verschieben.

3.2.6 Fragentyp D

Ein Festkörper und eine Flüssigkeit befinden sich auf gleicher Temperatur.

1) Im festen Körper sind die Atome starr auf ihren Kristallgitterplätzen gebunden.
2) In der Flüssigkeit führen die Atome Schwingungen um eine feste Mittellage aus.
3) Im Festkörper schwingen die Atome um eine Gleichgewichtslage.
4) In einer Flüssigkeit können die Atome leicht ihre Plätze wechseln.

Wählen Sie bitte die zutreffende Aussagenkombination.

A. Nur 1 und 2 sind richtig
B. Nur 2 und 3 sind richtig
C. Nur 3 ist richtig
D. Nur 3 und 4 sind richtig
E. Nur 2, 3 und 4 sind richtig

3.2.7 Fragentyp C

Das Maximum der Häufigkeitsverteilung der Geschwindigkeit der Moleküle eines Gases ist nicht temperaturabhängig,

weil

es bei jeder Temperatur Moleküle gibt, die eine größere Geschwindigkeit haben als die wahrscheinlichste (Maximum), und Moleküle, die eine kleinere haben.

3.2.8 Fragentyp C

Der feste Körper ist formbeständig,

weil

im festen Körper die elementaren Bausteine gegenseitig feste Abstände haben.

4. Wärmelehre

4.1 Temperatur-Begriff

4.1.1	Fragentyp C

Bei Ausdehnungsthermometern benutzt man als Thermometersubstanz eine Flüssigkeit,

weil

sich Flüssigkeiten stärker ausdehnen als feste Körper, so daß die Flüssigkeitsausdehnung in einer Kapillaren trotz Ausdehnung der Kapillaren selbst meßbar wird.

4.1.2	Fragentyp C

Im Gegensatz zu gewöhnlichen Quecksilberthermometern kann man auf einem Fieberthermometer die Temperatur ablesen, nachdem man es von der Meßstelle entfernt hat,

weil

dann der Quecksilberfaden abreißt.

4.1.3 Fragentyp E

In Abb. 4.1 ist ein Versuchsaufbau zur Temperaturmessung an der Stelle A schematisch gezeichnet. Dabei handelt es sich um ein

A. Widerstandsthermometer
B. Ausdehnungsthermometer
C. Thermoelement
D. Differentialthermometer
E. Bimetallthermometer

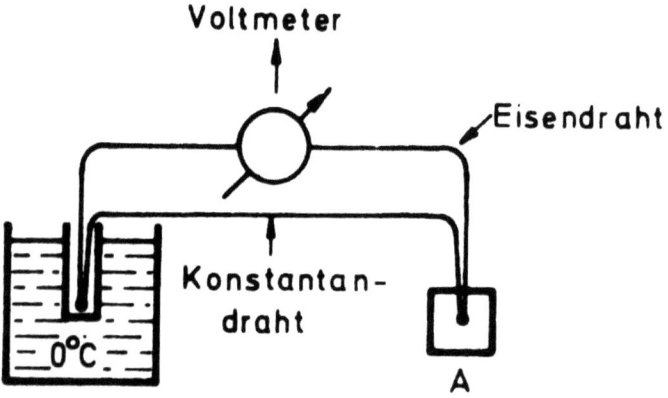

Abb. 4.1

4.1.4 Fragentyp A

Das Quecksilberthermometer kann in folgendem Temperaturbereich eingesetzt werden:

A. $-70°C \ldots +200°C$
B. $-220°C \ldots +100°C$
C. $-38°C \ldots +1000°C$
D. $-50°C \ldots +500°C$
E. Keiner der angegebenen Bereiche ist richtig

4.1.5 Fragentyp D

Fixpunkte der Celsiusskala sind

1) die Temperatur des Tripelpunktes des Wassers
2) die kritische Temperatur des Wassers
3) die Temperatur des schmelzenden Eises bei normalem Druck
4) die Temperatur des siedenden Wassers bei normalem Druck

Wählen Sie bitte die zutreffende Aussagenkombination.

A. Nur 1 ist richtig
B. Nur 2 ist richtig
C. Nur 2 und 3 sind richtig
D. Nur 1 und 3 sind richtig
E. Nur 3 und 4 sind richtig

4.1.6 Fragentyp C

Bei der Angabe einer Temperaturdifferenz muß man zwischen den Einheiten °C (Celsius) und K (Kelvin) unterscheiden,

weil

die beiden Temperaturskalen wie folgt zusammenhängen: $T/K = t/°C + 273,15$ (T: Kelvinskala, t: Celsiusskala).

4.1.7   Fragentyp D

Die normale Körpertemperatur des Menschen beträgt etwa

1) $t = 37^\circ C$
2) $t = 37^\circ F$
3) $t = 32^\circ F$
4) $t = 100^\circ F$

Wählen Sie bitte die zutreffende Aussagenkombination.

A. Nur 1 ist richtig
B. Nur 2 ist richtig
C. Nur 4 ist richtig
D. Nur 1 und 3 sind richtig
E. Nur 1 und 4 sind richtig

4.1.8   Fragentyp A

300 K entsprechen etwa

A. $273^\circ C$
B. $293^\circ C$
C. $27^\circ C$
D. $573^\circ C$
E. $127^\circ C$

4.1.9   Fragentyp A

Fixpunkte der thermodynamischen Temperaturskala sind

A. die Temperatur des schmelzenden Eises bei normalem Druck
B. die kritische Temperatur des Wassers
C. die Temperatur des Tripelpunktes des Wassers
D. die Temperatur des siedenden Wassers bei normalem Druck
E. die Temperatur des flüssigen Heliums bei normalem Druck

4.1.10 Fragentyp C

Der Volumenausdehnungskoeffizient und der Längenausdehnungskoeffizient eines Körpers sind gleich groß,

weil

sowohl das Volumen als auch die Länge eines Körpers (z.B. eines Quaders) in erster Näherung linear mit der Temperatur zunimmt

4.1.11 Fragentyp D

Die relative Längenänderung eines festen Körpers bei Temperaturerhöhung ist

1) eine reine Zahl
2) eine Konstante
3) proportional zur Temperatur
4) unabhängig von der Länge

Wählen Sie bitte die zutreffende Aussagenkombination.

A. Nur 1 und 2 sind richtig
B. Nur 3 und 4 sind richtig
C. Nur 1 und 3 sind richtig
D. Nur 1, 3 und 4 sind richtig
E. Nur 2, 3 und 4 sind richtig

4.1.12 Fragentyp A

Der Volumenzuwachs eines Körpers bei Temperaturerhöhung ($t > 0°C$) ist

A. unabhängig vom Volumen bei $t = 0°C$
B. umgekehrt proportional zur Temperatur t
C. unabhängig von der Temperatur
D. proportional zum Volumen bei $t = 0°C$
E. Keine der vorstehenden Aussagen ist richtig

4.1.13 Fragentyp A

Ein Eisenstab hat bei t = 10°C eine Länge von 50 cm. Welche Länge l hat er bei t = 30°C, wenn der Ausdehnungskoeffizient von Eisen $\alpha = 12 \cdot 10^{-6}/°C$ beträgt?

A. l = 50,018 cm
B. l = 50,0024 cm
C. l = 50,0012 cm
D. l = 50,024 cm
E. l = 50,012 cm

4.1.14 Fragentyp A

Volumenausdehnungskoeffizient γ und Längenausdehnungskoeffizient α haben folgenden Zusammenhang:

A. α ist etwa 3 γ
B. γ ist etwa 3 α
C. α = γ
D. $\alpha = \gamma^3$
E. $\gamma = \alpha^3$

4.1.15 Fragentyp A

Um welchen Faktor c liegt die Temperatur des Siedepunkts des Wassers höher als die des Eispunkts?

A. c ≈ 100
B. c ≈ ∞
C. c ≈ 1,4
D. c ≈ 373
E. c ≈ 100/273

4.1.16 Fragentyp A

Um wieviel Prozent erhöht sich die Körpertemperatur eines Menschen (normal 37°C) bei starkem Fieber (41°C)?

A. 10,8%
B. 9,75%

C. 1,29%

D. 4%

E. Keine der Antworten ist richtig

4.2 Wärme und Energie

4.2.1
4.2.2
4.2.3   Fragentyp B

Die in Liste 1 aufgeführten Größen haben die in Liste 2 aufgeführten Definitionsgleichungen.

Liste 1	Liste 1
4.2.1 Massengehalt	A. $\dfrac{\Delta Q}{\Delta m}$
4.2.2 Spezifische Wärmekapazität	B. $\dfrac{m_1}{m}$
4.2.3 Spezifische Verbrennungswärme	
(m Masse, m_1 Teilmasse, Q Energie, T Temperatur, V Volumen)	C. $\dfrac{\Delta Q}{m \cdot \Delta T}$
	D. $\dfrac{m_1}{V}$
	E. $\dfrac{\Delta Q}{V \cdot \Delta T}$

4.2.4   Fragentyp D

Führt man einem Gas eine Wärmemenge ΔQ zu, so kann

1) sich die innere Energie erhöhen
2) das Gas durch Volumenausdehnung Arbeit verrichten
3) die Temperatur des Gases konstant bleiben
4) die Temperatur des Gases sich erhöhen

Wählen Sie bitte die zutreffende Aussagenkombination.

A. Nur 1, 2 und 3 sind richtig

B. Nur 1, 2 und 4 sind richtig

C. Nur 1, 3 und 4 sind richtig

D. Nur 2, 3 und 4 sind richtig

E. Alle Aussagen sind richtig

4.2.5 Fragentyp A

Die in der Wärmelehre bisher gebräuchliche Energieeinheit Kalorie (cal) ist mit der Einheit des Internationalen Einheitensystems Joule (J) wie folgt verknüpft (angenäherter Wert):

A. 1 cal = 0,42 J
B. 1 cal = 4,2 J
C. 1 cal = 4,2 kJ
D. 1 J   = 4,2 cal
E. 1 J   = 0,42 cal

4.2.6 Fragentyp A

Die Einheit der spezifischen Wärmekapazität ist

A. kJ/kg
B. kJ kg K^{-1}
C. kJ K^{-1}
D. kJ kg^{-1} K^{-1}
E. kJ mol^{-1} K^{-1}

4.2.7 Fragentyp C

Der erste Hauptsatz der Wärmelehre ist lediglich eine Erweiterung des Energieerhaltungssatzes der Mechanik,

weil

Wärme Energie ist.

4.2.8
4.2.9
4.2.10 Fragentyp B

Für die in Liste 1 aufgeführten Größen gelten die in Liste 2 aufgeführten Definitionen. (Dabei ist ΔQ die zu- bzw. abgeführte Wärmeenergie, ΔT die Temperaturdifferenz, V das Volumen, m die Masse und ν die Stoffmenge des Körpers.)

Liste 1   Liste 2

4.2.8 Wärmekapazität   A. $\frac{\Delta Q}{\Delta T}$

4.2.9 Spezifische Wärmekapazität   B. $\frac{\Delta Q}{V \cdot \Delta T}$

4.2.10 Molare Wärmekapazität
                                         C. $\frac{\Delta Q}{m \cdot \Delta T}$

                                         D. $\frac{\Delta Q}{\nu \cdot \Delta T}$

                                         E. $\frac{m \cdot \Delta Q}{V \cdot \Delta T}$

4.2.11   Fragentyp A

Um aus der spezifischen Wärmekapazität einer Substanz die molare Wärmekapazität zu berechnen, braucht man noch folgende Informationen:

A. Die relative Molekülmasse der Substanz

B. Die Dichte der Substanz

C. Das Volumen der Substanz

D. Die Stoffmenge der Substanz

E. Keine weiteren Informationen

4.2.12   Fragentyp A

Eine physikalische Größe hat die Einheit $\frac{N\,m}{K}$. Dann handelt es sich um

A. die Wärmekapazität

B. die spezifische Wärmekapazität

C. die molare Wärmekapazität

D. die Wärmeaffinität

E. die thermodynamische Energie

4.2.13 Fragentyp A

Die Wärmekapazität eines Körpers ist definiert als $\frac{\Delta Q}{\Delta T}$
(ΔQ zugeführte Wärme, ΔT Temperaturerhöhung).
Diese Aussage

A. ist richtig.
B. ist falsch.
C. gilt nur für homogene Körper.
D. gilt nur für Flüssigkeiten.
E. gilt nur für Gase

4.2.14 Fragentyp A

Das Joule ist

A. eine Energieeinheit
B. eine Mengeneinheit der Diätkost
C. ein Temperaturmaß
D. eine Leistungseinheit
E. eine Einheit der Wärmekapazität

4.2.15 Fragentyp A

Soll ein Körper erwärmt werden, so muß ihm zugeführt werden

A. Temperatur
B. Energie
C. Thermospannung
D. Wärmekapazität
E. Thermodynamik

4.2.16 Fragentyp A

Die spezifische Wärmekapazität C eines Körpers der Masse m und der Stoffmenge ν ist definiert als

A. $c = \frac{\Delta Q}{m \cdot \Delta T}$

B. $c = \frac{\Delta T}{m \cdot \Delta Q}$

C. $c = \frac{m \cdot \Delta Q}{\Delta T}$

D. $c = \frac{\Delta Q}{\nu \cdot \Delta T}$

E. $c = \frac{\nu \cdot \Delta T}{\Delta Q}$

(ΔT = Temperaturerhöhung; ΔQ = zugeführte Energie)

4.2.17   Fragentyp A

Wirft man ein glühendes Stück Eisen (m_{Fe} = 1,6 kg, t = 1000°C, c_{Fe} = 0,1 $\frac{cal}{g \cdot grd}$) in ein wärmeisoliert aufgestelltes, abgeschlossenes Gefäß mit einem Eis-Wasser-Gemisch (m_{Eis} = 3,2 kg, m_{Wasser} = 10 kg), dann

A. steigt die Temperatur auf 10°C

B. steigt die Temperatur auf 5°C

C. steigt die Temperatur auf 1°C

D. bleibt die Temperatur konstant

E. Keine der angeführten Möglichkeiten ist richtig

(Gegeben: spezifische Schmelzwärme des Eises $\Lambda_{S,spez}$ = 80 cal/g)

4.2.18   Fragentyp A

Bringt man 2 kg Wasser von 60° und 6 kg Wasser von 20° zusammen, dann stellt sich bei Vernachlässigung von Wärmeverlusten folgende Mischungstemperatur ein

A. 25°C

B. 30°C

C. 35°C

D. 40°C

E. 45°C

4.2.19 Fragentyp C

Die mittlere kinetische Energie der Moleküle eines idealen Gases ist unabhängig von der Temperatur,

<u>weil</u>

die Moleküle des Gases in allen möglichen Flugrichtungen fliegen können.

4.3 Gaszustand

4.3.1
4.3.2
4.3.3
4.3.4 Fragentyp B

Die in Liste 1 aufgeführten Größen haben die in Liste 2 aufgeführten Einheiten.

Liste 1	Liste 2
4.3.1 Molares Volumen	A. J
4.3.2 Allgemeine Gaskonstante	B. mol
4.3.3 Innere Energie	C. kg
4.3.4 Stoffmenge	D. $J\ mol^{-1}\ K^{-1}$
	E. $m^3\ mol^{-1}$

4.3.5 Fragentyp A

Die Lötstelle eines Thermoelements werde durch ein Eis-Wasser-Gemisch auf eine Temperatur von 0°C gehalten. Taucht man die andere Lötstelle in siedendes Wasser bei normalem Druck, so entsteht eine Thermospannung von 5 mV. Taucht man sie dagegen in siedendes Benzol, so tritt eine Thermospannung von 4 mV auf. Benzol hat demnach die Siedetemperatur

A. $t_s = 40°C$

B. $t_s = 50°C$

C. $t_s = 60°C$

D. $t_s = 80°C$

E. $t_s = 125°C$

4.3.6 Fragentyp D

Zu den einfachen Zustandsgrößen gehören

1) Stoffmenge
2) allgemeine Gaskonstante
3) Druck
4) Temperatur
5) innere Energie
6) Volumen

Wählen Sie bitte die zutreffende Aussagenkombination.

A. Nur 1, 2 und 4 sind richtig
B. Nur 1, 2 und 3 sind richtig
C. Nur 3, 4 und 5 sind richtig
D. Nur 3, 4 und 6 sind richtig
E. Nur 4, 5 und 6 sind richtig

4.3.7 Fragentyp A

Die Zustandsgleichung der idealen Gase lautet

A. $p V = const$
B. $p = p_0 (1 + \alpha t)$
C. $p V = \nu R T$
D. $(p + a/V^2_{molar}) (V_{molar} - b) = R T$
E. $V = V_0 (1 + \gamma t)$

4.3.8 Fragentyp A

$\nu = 20$ mol eines idealen Gases nehmen bei Raumtemperatur ($T = 300$ K) und einem Druck $p = 2$ mbar $= 2 \cdot 10^2$ N/m^2 ein Volumen V ein (Gaskonstante: $R = 8,3$ W s K^{-1} mol^{-1}):

A. $V = 2,49$ m^3

B. $V = 24,9$ m^3

C. $V = 49,8$ m^3

D. $V = 249$ m^3

E. $V = 498$ m^3

4.3.9 Fragentyp A

Bei einer chemischen Reaktion werden bei $T = 400$ K und einem Druck $p = 10^5$ N/m^2 $V = 4,15$ dm^3 Sauerstoff frei ($R = 8,3$ N m K^{-1} mol^{-1}) (relative Molekülmasse des Sauerstoffs $M_r(O_2) = 32$). Die Masse des Gases beträgt

A. $m = 0,125$ g

B. $m = 0,25$ g

C. $m = 4$ g

D. $m = 8$ g

E. $m = 32$ g

4.3.10
4.3.11
4.3.12 Fragentyp E

Das p-V-Diagramm eines idealen Gases (Abb. 4.2) enthält folgende Kurven:

4.3.10 Isotherme

4.3.11 Isochore

4.3.12 Isobare

Abb. 4.2

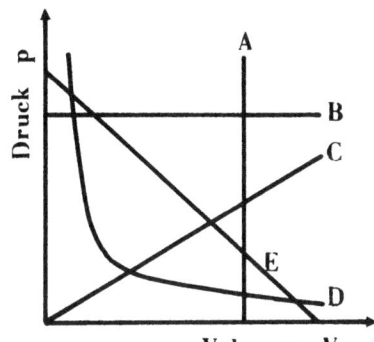

4.3.13
4.3.14
4.3.15   Fragentyp E

Das p-T-Diagramm eines idealen Gases (Abb. 4.3) enthält
folgende Kurven:

4.3.13 Isotherme

4.3.14 Isochore

4.3.15 Isobare

Abb. 4.3

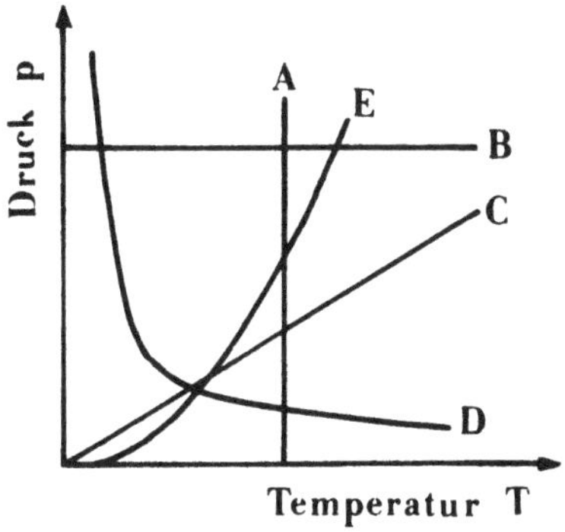

4.3.16   Fragentyp C

Das molare Volumen der idealen Gase beträgt bei Normalbedingungen V_{molar} = 22,4 dm^3/mol,

<u>weil</u>

aus der Zustandsgleichung für ideale Gase gleiches molares Volumen bei gleichem Druck und gleicher Temperatur für alle idealen Gase folgt.

4.3.17
4.3.18
4.3.19   Fragentyp E

Das V-T-Diagramm eines idealen Gases (Abb. 4.4) enthält folgende Kurven:

4.3.17 Isotherme

4.3.18 Isobare

4.3.19 Isochore

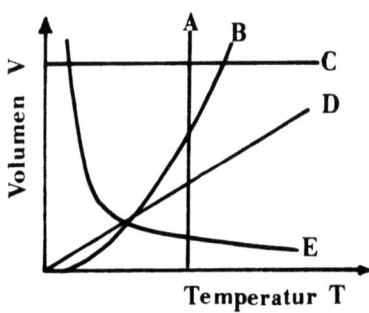

Abb. 4.4

4.3.20   Fragentyp E

Eine der Geraden in Abb. 4.5 stellt den Druck bei konstantem Volumen als Funktion der Temperatur für ein ideales Gas dar. Welche Kurve gibt diese Abhängigkeit richtig wieder?

A. 1
B. 2

C. 3
D. 4
E. 5

Abb. 4.5

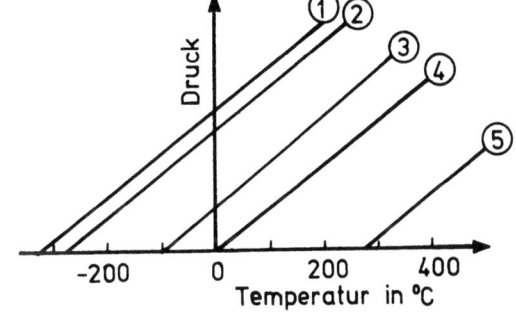

4.3.21   Fragentyp C

Komprimiert man mit einem Stempel ein in einem Zylinder eingeschlossenes Gas, so wird die Temperatur erhöht,

weil

die auf den Stempel aufprallenden Moleküle dabei ihre kinetische Energie erhöhen.

4.3.22   Fragentyp C

Die Zustandsgleichung der idealen Gase gilt nicht für Gasgemische idealer Gase,

weil

Gasmoleküle verschiedener idealer Gase aufeinander Adhäsionskräfte ausüben.

4.3.23 Fragentyp A

Mit einem Spirometer soll die Vitalkapazität einer Versuchsperson (Differenz der Lungenvolumina bei extremer Einatmung und extremer Ausatmung) bestimmt werden. Das Spirometer befindet sich auf Zimmertemperatur (t = 20°C) und zeigt nach dem Versuch den Meßwert V_0 = 4000 cm³. Welche Vitalkapazität V folgt daraus für die Versuchsperson, wenn der äußere Luftdruck 10^5 Pa beträgt und im Spirometer der gleiche Druck herrscht? (Ein möglicher Einfluß des Wasserdampfgehaltes der Atemluft soll vernachlässigt werden.)

A. V = 4400 cm³

B. V = 4240 cm³

C. V = 3810 cm³

D. V = 5010 cm³

E. V = 4710 cm³

4.3.24 Fragentyp E

Für ein ideales Gas ist die Volumen-Temperaturkurve bei konstantem Druck p dargestellt (Abb. 4.6). Wie groß ist die Steigung $\frac{dV}{dT}$? (R allgemeine Gaskonstante, ν Stoffmenge)

A. $\frac{dV}{dT} = \frac{4R\nu}{p}$

B. $\frac{dV}{dT} = \frac{3R\nu}{p}$

C. $\frac{dV}{dT} = \frac{2R\nu}{p}$

D. $\frac{dV}{dT} = \frac{R\nu}{p}$

E. $\frac{dV}{dT} = \frac{R}{p}$

Abb. 4.6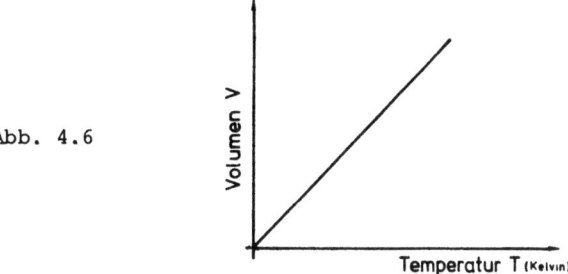

4.3.25 Fragentyp D

Welche Vitalkapazität V folgt aus 4.3.23 für die Versuchsperson, wenn der äußere Luftdruck 10^5 Pa beträgt und im Spirometer ein Druck von $9 \cdot 10^4$ Pa herrscht? (Ein möglicher Einfluß des Wasserdampfs der Atemluft soll vernachlässigt werden.)

A. $V = 4400 \text{ cm}^3$

B. $V = 4240 \text{ cm}^3$

C. $V = 4710 \text{ cm}^3$

D. $V = 3810 \text{ cm}^3$

E. $V = 5010 \text{ cm}^3$

4.3.26   Fragentyp D

In einem idealen Gas, dessen Volumen konstant gehalten wird,

1) haben alle Moleküle bei gegebener Temperatur die gleiche Geschwindigkeit
2) ist die Durchschnittsgeschwindigkeit der Moleküle bei höherer Temperatur größer als bei niedriger
3) haben alle Moleküle bei gegebener Temperatur die gleiche kinetische Energie
4) wird alle Energie, die man benötigt, um das Gas um 1°C zu erwärmen, zur Vergrößerung der kinetischen Energie der Moleküle verbraucht

Wählen Sie bitte die zutreffende Aussagenkombination.

A. Nur 1 und 3 sind richtig
B. Nur 2 und 4 sind richtig
C. Nur 1, 2 und 3 sind richtig
D. Nur 2, 3 und 4 sind richtig
E. Alle Aussagen sind richtig

4.3.27   Fragentyp A

Ein ideales Gas wird isotherm vom Volumen V_1 auf das Volumen V_2 komprimiert. Die Volumenarbeit A, die am Gas dabei geleistet wird, kann durch die folgende Beziehung berechnet werden

A. $A = \int_{V_1}^{V_2} p \, dV$

B. $A = \int_{V_1}^{V_2} V \, dp$

C. $A = \int_{V_1}^{V_2} \frac{\nu R T}{V} \, dV$

D. $A = \int_{V_1}^{V_2} \frac{\nu R T}{p} \, dp$

E. $A = \int_{V_1}^{V_2} \frac{V}{\nu R T} \, dV$

4.3.28   Fragentyp A

Unter dem Integral $\int p\, dV$ versteht man

A. die pro Volumen erreichbare Druckerhöhung eines
   idealen Gases

B. die Volumenarbeit, die bei Kompression oder Expansion
   an einem Gas zu- oder abgeführt werden muß

C. die bei einem bestimmten Druck erreichbare Volumen-
   änderung

D. den ersten Hauptsatz der Wärmelehre

E. die Zustandsgleichung der idealen Gase in integraler
   Form

4.3.29   Fragentyp A

Ein gasgefüllter Zylinder ist wärmeisoliert aufgestellt.
Durch Einschieben eines Kolbens wird das Gas zusammen-
gedrückt. Dabei wird

A. die Durchschnittsgeschwindigkeit der Gasmoleküle
   nicht erhöht

B. die mittlere kinetische Energie der Gasmoleküke
   erhöht

C. nur die Durchschnittsgeschwindigkeit der Gasmoleküle
   erhöht, die auf den Stempel fliegen

D. die Temperatur des Gases nicht erhöht

E. Keine der obigen Aussagen ist richtig

4.3.30 Fragentyp E

Die Zustandsgleichung idealer Gase gibt den Zusammenhang zwischen den drei Größen Druck, Volumen und Temperatur wieder. In Abb. 4.7 ist diese Zustandsgleichung in logarithmisch geteilten Koordinaten für zwei Größen bei konstanter dritter Größe dargestellt. Die Größen sind:

A. Ordinate: Druck   Abszisse: Volumen
B. Ordinate: Druck   Abszisse: Temperatur
C. Ordinate: Volumen   Abszisse: Temperatur
D. Ordinate: Temperatur   Abszisse: Druck
E. Ordinate: Temperatur   Abszisse: Volumen

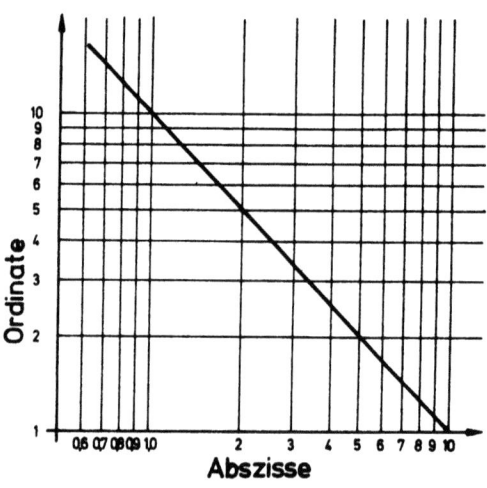

Abb. 4.7

4.3.31 Fragentyp E

Mit einer Saugpumpe mit dem Pumpvolumen v wird ein mit einem idealen Gas gefüllter Kessel (Volumen V) ausgepumpt (Abb. 4.8). Der Anfangsdruck des idealen Gases im Kessel ist p. Läuft der Pumpstempel dreimal hin und zurück, d.h. wird der Pumpvorgang dreimal wiederholt, dann ist der Enddruck p_3 im Kessel

A. $p_3 = \frac{p}{3}$

B. $p_3 = \frac{3\,p\,V}{v}$

C. $p_3 = \dfrac{V^3}{V^3 - v^3}$

D. $p_3 = p \left(\dfrac{V}{V + v}\right)^3$

E. $p_3 = p (V - 3v)$

Abb. 4.8

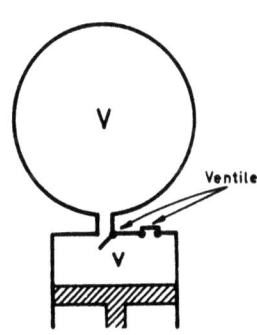

4.4 Änderung des Aggregatzustands, Gleichgewicht zwischen Aggregatzuständen

4.4.1
4.4.2
4.4.3
4.4.4
4.4.5   Fragentyp B

Die in Liste 1 aufgeführten Übergänge von einem Aggregatzustand in einen anderen haben die in Liste 2 aufgeführten Bezeichnungen:

Liste 1	Liste 2
4.4.1 fest → flüssig	A. Schmelzen
4.4.2 fest → gasförmig	B. Erstarren
4.4.3 flüssig → gasförmig	C. Sublimieren
4.4.4 flüssig → fest	D. Kondensieren
4.4.5 gasförmig → flüssig	E. Verdampfen

4.4.6 Fragentyp D

Die Aggregatzustände eines Körpers kann man wie folgt charakterisieren:

1) Feste Körper haben meist einen kristallinen Aufbau und eine feste Form.
2) Gase haben keine Form bzw. Gestalt.
3) Gase lassen sich wie Flüssigkeiten leicht komprimieren.
4) Flüssigkeiten haben bei konstantem Volumen keine feste Gestalt.

Wählen Sie bitte die zutreffende Aussagenkombination.

A. Nur 1 und 2 sind richtig
B. Nur 1 und 3 sind richtig
C. Nur 1, 2 und 3 sind richtig
D. Nur 1, 2 und 4 sind richtig
E. Alle Aussagen sind richtig

4.4.7 Fragentyp D

Beim Schmelzen eines Körpers

1) wird die Schmelzwärme frei
2) werden die Bindungskräfte der atomaren Bausteine aufgehoben
3) bleibt die Temperatur des Körpers trotz Energieumsatz konstant
4) kann sein Volumen sowohl größer als auch kleiner werden

Wählen Sie bitte die zutreffende Aussagenkombination.

A. Nur 1 und 2 sind richtig
B. Nur 2 und 3 sind richtig
C. Nur 3 und 4 sind richtig
D. Nur 1, 3 und 4 sind richtig
E. Alle Aussagen sind richtig

4.4.8 Fragentyp D

Sind in einem abgeschlossenen System der flüssige und der gasförmige Aggregatzustand nebeneinander vorhanden,

1) so stellt sich ein dynamisches Gleichgewicht zwischen der Molekülzahl im Gaszustand und der im flüssigen Zustand ein
2) so verdampfen so viele Moleküle, bis sich der Sättigungsdampfdruck gebildet hat
3) so kann man die Teilchenanzahldichte in der Gasphase durch Temperaturerhöhung vergrößern
4) so haben immer beide Aggregatzustände den gleichen Energieinhalt

Wählen Sie bitte die zutreffende Aussagenkombination.

A. Nur 1 und 2 sind richtig
B. Nur 2 und 3 sind richtig
C. Nur 3 und 4 sind richtig
D. Nur 1, 2 und 3 sind richtig
E. Nur 2, 3 und 4 sind richtig

4.4.9 Fragentyp A

Unter absoluter Luftfeuchtigkeit versteht man

A. die in der Luft vorhandene Masse m der flüssigen H_2O-Moleküle (Tröpfchen)
B. die Massenkonzentration des H_2O-Dampfes in der Luft
C. das Verhältnis der in der Luft vorhandenen flüssigen H_2O-Molekülen zu den gasförmigen
D. die bei der jeweiligen Temperatur größtmögliche Konzentration des Wasserdampfes in der Luft
E. den Quotienten relative Luftfeuchte durch maximale Luftfeuchte

4.4.10 Fragentyp D

Der Druck, der von einem Dampf ausgeübt wird, der mit seiner Flüssigkeit in Kontakt steht, ist bei gegebener Temperatur konstant, wenn

1) keine Moleküle mehr die Oberfläche der Flüssigkeit verlassen
2) keine Moleküle aus der Dampfphase in die Flüssigkeit zurückkehren
3) genau so viele Moleküle die Flüssigkeit verlassen wie auch wieder zurückkehren
4) alle Moleküle der Flüssigkeit verdampft sind

Wählen Sie bitte die zutreffende Aussagenkombination.

A. Nur 1 ist richtig
B. Nur 2 ist richtig
C. Nur 1 und 2 sind richtig
D. Nur 3 ist richtig
E. Nur 4 ist richtig

4.4.11 Fragentyp C

Gesättigter Wasserdampf gehorcht der Zustandsgleichung der idealen Gase,

weil

die mittlere Geschwindigkeit der Wasserdampfmoleküle in der Gasphase wächst, wenn die Temperatur zunimmt.

4.4.12 Fragentyp C

Der Druck eines gesättigten Dampfes ist von der Temperatur unabhängig,

weil

ein gesättigter Dampf mit seiner Flüssigkeit in Kontakt steht und daher immer Moleküle aus der Flüssigkeit in die Dampfphase übergehen können, wenn ein Defizit an Molekülen in der Dampfphase herrscht.

4.4.13 Fragentyp C

Der Siedepunkt einer Flüssigkeit ist druckabhängig,

weil

eine Flüssigkeit siedet, wenn ihr Dampfdruck gleich dem äußeren Luftdruck ist.

4.4.14 Fragentyp E

Eine Substanz wird abgekühlt. In Abb. 4.9 ist die Temperatur der Substanz als Funktion der Zeit t dargestellt. Im Zeitintervall t_1 bis t_2 ist die Temperatur konstant $T = T_1$. Welcher der im folgenden aufgeführten Temperaturpunkte kann diese Temperatur nicht sein?

A. Kondensationspunkt
B. Erstarrungspunkt
C. Kritischer Punkt
D. Sublimationspunkt
E. Gefrierpunkt

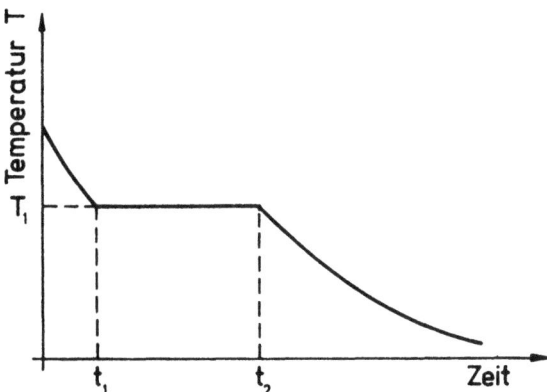

Abb. 4.9

4.4.15 Fragentyp C

Unter Umwandlungswärme versteht man die bei der Änderung des Aggregatzustandes von einer Substanz aufgenommene oder abgegebene Energie,

<u>weil</u>

nur durch Zufuhr oder Abgabe von Energie die Temperatur der Substanz geändert werden kann.

4.4.16 Fragentyp C

Eine relative Luftfeuchte von 100% liegt dann vor, wenn der Partialdruck des Wasserdampfes der Luft gleich dem Luftdruck ist,

<u>weil</u>

nur siedendes Wasser Wassermoleküle als Dampf an die umgebende Luft abgibt.

4.4.17 Fragentyp C

Unter absoluter Luftfeuchte versteht man den Wasserdampfpartialdruck der Atmosphäre,

<u>weil</u>

der Wasserdampfpartialdruck der Luft von der jeweiligen Temperatur abhängt.

4.4.18 Fragentyp C

Die maximale Luftfeuchte ist gleich der Dichte des gesättigten Wasserdampfes,

<u>weil</u>

beide Größen proportional der Teilchenkonzentration der Wassermoleküle im Dampfzustand sind.

4.4.19   Fragentyp C

Der Dampfdruck von Eis bei 0°C und von Wasser bei 0°C
ist gleich,

<u>weil</u>

die spezifische Wärmekapazität des Eises bei 0°C gleich
der des Wassers bei 0°C ist.

4.4.20   Fragentyp E

Eine Substanz wird mit konstanter Leistung erwärmt. Der
Temperaturverlauf zeigt dabei einen Haltepunkt (Abb.
4.10). Ein solcher Haltepunkt tritt unter folgender
Voraussetzung auf:

A. Die spezifische Wärmekapazität ist stark temperatur-
   abhängig.
B. Die Wärmeaffinität der Substanz hängt vom Erhitzungs-
   grad ab.
C. In der Substanz entsteht durch zu starkes Erhitzen
   ein Temperaturgefälle.
D. Die Wärmekapazität hat an dieser Stelle ein Maximum.
E. Keine der obigen Aussagen ist richtig

Abb. 4.10

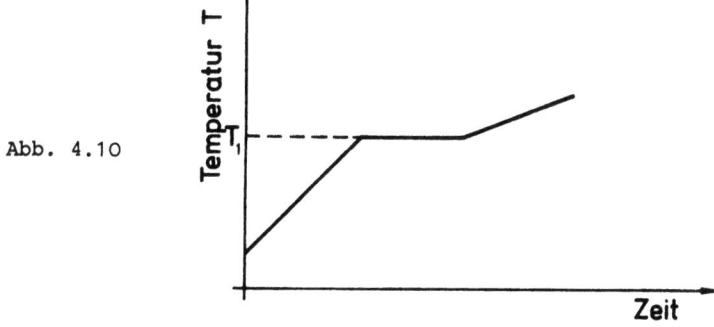

4.5 Wärmetransport

4.5.1 Fragentyp A

Ein erhitzter homogener Körper befindet sich im Vakuum. Der Körper gibt an die Umgebung

A. Wärme durch Diffusion ab
B. Wärme durch elektromagnetische Strahlung ab
C. Wärme durch Wärmeleitung ab
D. Wärme durch Konvektion ab
E. keine Wärme ab, weil im Vakuum kein Wärmeübergang stattfindet

4.5.2 Fragentyp A

Ein Körper mit einer von Null verschiedenen Temperatur strahlt elektromagnetische Wellen ab. Die Strahlungsleistung dieser Wellen ist von der Temperatur abhängig. Im Idealfall gilt zwischen Strahlungsleistung S und absoluter Temperatur T des Körpers folgender Zusammenhang:

A. S ist proportional zu $\sqrt{T}$
B. S ist proportional zu T
C. S ist proportional zu T^2
D. S ist proportional zu T^3
E. S ist proportional zu T^4

4.5.3 Fragentyp A

Die Wärmeübergangszahl durch eine Hauswand ist

A. von der Wandfläche abhängig
B. von der Wanddicke abhängig
C. vom Hausvolumen abhängig
D. eine Stoffkonstante des Mauerwerks
E. vom Temperaturunterschied zwischen Außen- und Innenraum abhängig

4.5.4 Fragentyp A

Bei einem stationären Wärmeleitungsvorgang ist die Energiestromstärke durch den wärmeleitenden Körper

A. proportional der Temperaturdifferenz zwischen beiden Enden des Körpers
B. proportional der Länge des wärmeleitenden Körpers
C. umgekehrt proportional der Fläche des wärmeleitenden Körpers
D. bei gleichen Temperaturgradienten und gleicher Geometrie in einem Körper mit kleinerer Wärmeleitfähigkeit größer
E. Keine der obigen Aussagen ist richtig

4.5.5
4.5.6 Fragentyp B

Die in Liste 1 aufgeführten Größen haben die in Liste 2 aufgeführten Einheiten:

Liste 1	Liste 2
4.5.5 Wärmeübergangszahl	A. $m\ s\ J^{-1}K^{-1}$
4.5.6 Wärmeleitfähigkeit	B. $m^2 K\ W^{-1}$
	C. $W\ m^{-1}K^{-1}$
	D. $W\ m^{-2}\ K^{-1}$
	E. $m\ s\ K\ J^{-1}$

4.5.7 Fragentyp D

Ein schwarzer Körper bei einer bestimmten Temperatur

1) hat die höhere Gesamtstrahlungsleistung als alle anderen Körper bei dieser Temperatur
2) absorbiert die gesamte auffallende Strahlung
3) hat eine Gesamtstrahlungsleistung, die mit der 4. Potenz der Temperatur steigt
4) reflektiert die gesamte auffallende Strahlung

Wählen Sie bitte die zutreffende Aussagenkombination.

A. Nur 1 und 2 sind richtig
B. Nur 1 und 3 sind richtig
C. Nur 2 und 3 sind richtig
D. Nur 3 und 4 sind richtig
E. Nur 1, 2 und 3 sind richtig

4.6 Stoff-Gemische

4.6.1 Fragentyp C

In einem Gasgemisch ist der Druck eines Einzelgases proportional zum Stoffmengengehalt dieses Gases,

weil

in einem Gasgemisch jedes Gas für sich einen Druck hat, und der nach außen wirkende Druck gleich dem maximalen vorkommenden Partialdruck ist.

4.6.2 Fragentyp A

Ein Gasgemisch (Stoffmengengehalt: 25% O_2 und 75% N_2) steht unter einem Druck von 1 bar. Damit der Partialdruck des Sauerstoffs 1 bar wird, muß

A. das Volumen auf ein Viertel verkleinert werden
B. das Volumen auf ein Drittel verkleinert werden
C. das Volumen auf das 2,5fache vergrößert werden
D. das Volumen auf das dreifache vergrößert werden
E. nichts verändert werden, weil der Partialdruck bereits 1 bar beträgt

4.6.3   Fragentyp A

1 mol Sauerstoff unter einem Druck von 10^6 Pascal und
2 mol Stickstoff unter dem gleichen Druck von 10^6 Pascal
werden miteinander vermischt. Wenn das Gemisch unter
einem Druck von ebenfalls 10^6 Pascal steht, dann ist
der Stoffmengengehalt des Sauerstoffs in dieser Gasmischung

A. 0,20
B. 0,25
C. 0,30
D. 0,33
E. 0,50

4.6.4   Fragentyp A

Der Volumengehalt des Sauerstoffs in der Gasmischung
nach 4.6.3 ist

A. 0,20
B. 0,25
C. 0,30
D. 0,33
E. 0,50

4.6.5   Fragentyp A

Der Partialdruck des Sauerstoffs in der Gasmischung nach
4.6.3 ist

A. $0,2 \cdot 10^6$ Pa
B. $0,33 \cdot 10^6$ Pa
C. $0,5 \cdot 10^6$ Pa
D. $1 \cdot 10^6$ Pa
E. $2 \cdot 10^6$ Pa

4.6.6 Fragentyp A

In einem Stoffgemisch zweier Stoffe A und B der Gesamtmasse m = 8 kg ist der Massengehalt des Stoffes A: 0,25. Wie groß ist die Massenkonzentration q_m dieses Stoffes, wenn das Volumen des Gemisches V = 2 · 10^3 cm^3 beträgt?

A. 0,125 · 10^{-3} kg/cm^3

B. 10^{-3} kg/cm^3

C. 2 · 10^{-3} kg/cm^3

D. 3 · 10^{-3} kg/cm^3

E. 4 · 10^{-3} kg/cm^3

4.6.7 Fragentyp A

Für die Lösung von Gasen in Flüssigkeiten gilt das Henrysche Gesetz: Das Verhältnis der Massenkonzentration des gelösten Gases in der Gasphase zur Massenkonzentration des gelösten Gases in der Flüssigkeit ist nur

A. von der Temperatur abhängig

B. vom Volumen der Flüssigkeit abhängig

C. vom Druck abhängig

D. vom Partialdruck in der Gasphase des in der Flüssigkeit gelösten Gases abhängig

E. von der Masse des in der Flüssigkeit gelösten Gases abhängig

4.6.8 Fragentyp D

Bei einem stationären Diffusionsvorgang ist die Stoffmenge der diffundierenden Teilchen, die durch eine Fläche hindurchtreten,

1) proportional zur Zeit t

2) proportional zum Stoffmengenkonzentrationsgefälle

3) proportional zum Luftdruck

4) proportional zur Querschnittsfläche

Wählen Sie bitte die zutreffende Aussagenkombination.

A. Nur 1 und 2 sind richtig
B. Nur 2 und 3 sind richtig
C. Nur 3 und 4 sind richtig
D. Nur 1, 2 und 3 sind richtig
E. Nur 1, 2 und 4 sind richtig

4.6.9 Fragentyp A

Welche der folgenden Aussagen zum osmotischen Druck ist falsch?

A. Der osmotische Druck ist von der Natur des Lösungsmittel unabhängig.
B. Der osmotische Druck tritt nur in Elektrolyten auf.
C. Der osmotische Druck ist der Massenkonzentration der gelösten Substanz im Lösungsmittel proportional.
D. Der osmotische Druck ist proportional der Temperatur.
E. Verschiedene Substanzen erzeugen bei gleicher Stoffmengenkonzentration gleichen osmotischen Druck.

4.6.10 Fragentyp A

Welche Aussage zum osmotischen Druck ist richtig? Der osmotische Druck ist gleich dem Druck,

A. den die gelöste Substanz als Gas nach Entfernung des Lösungsmittels bei gleichen Werten von Volumen und Temperatur auf die Wand ausüben würde
B. den das Lösungsmittel als Gas nach Entfernung der gelösten Substanz bei gleichen Werten von Volumen und Temperatur auf die Wand ausüben würde
C. den die gelöste Substanz nach Entfernung des Lösungsmittels als Dampfdruck haben würde
D. den das Lösungsmittel als Dampfdruck haben würde, wenn es rein vorliegen würde
E. den die gelöste Substanz als Partialdruck hat

4.6.11 Fragentyp C

Werden zwei wäßrige Lösungen eines Stoffes mit verschiedenem Massengehalt des gelösten Stoffes durch eine semipermeable Wand getrennt, so bleibt in jedem Fall der Gehalt der beiden Lösungen erhalten,

weil

die Vermischung durch Diffusion immer unterbunden wird.

4.6.12 Fragentyp C

Die Ausbreitung von Duftstoffen in einem Raum beruht auf der Diffusion,

weil

sich ein Gas mit einem schon in einem Raum befindlichen Gas so lange vermischt, bis die Moleküle jeder Sorte gleichmäßig im Raum verteilt sind.

4.6.13 Fragentyp C

Diffusion tritt nur bei einem Konzentrationsgefälle der diffundierenden Teilchen auf,

weil

bei einem Konzentrationsgefälle benachbarte Volumina eine unterschiedliche Konzentration an diffundierenden Teilchen haben, so daß auf Grund der Brownschen Bewegung aus dem Volumen mit höherer Konzentration im zeitlichen Mittel mehr Teilchen in das mit niedrigerer Konzentration übergehen als umgekehrt.

4.6.14 Fragentyp A

Eine semipermeable Wand

A. ist nur in einer Richtung durchlässig
B. reduziert die Durchflußmenge auf die Hälfte
C. ist nur für bestimmte Substanzen durchlässig
D. ist halbdurchlässig
E. läßt von einem Stoff in der einen Richtung mehr durch als in der anderen Richtung

4.6.15 Fragentyp A

Eine physiologische Kochsalzlösung besitzt genau den osmotischen Druck des Blutes. Ein Blutkörperchen, das in reinem Wasser schwimmt,

A. verringert sein Volumen
B. vergrößert sein Volumen
C. ändert nicht sein Volumen
D. verfärbt sich
E. erhöht die Konzentration der in ihm gelösten Stoffe durch Wasseraufnahme

4.6.16 Fragentyp C

Der Unterschied zwischen einer echten und einer kolloidalen Lösung besteht darin, daß bei echten Lösungen anorganische Stoffe, bei kolloidalen Lösungen dagegen organische Stoffe gelöst sind,

weil

nur anorganische Stoffe in molekularer Dispersion in Lösungen vorkommen.

4.6.17 Fragentyp A

Die Einheit der Diffusionskonstanten ist:

A. m/s
B. mol/s
C. g/s
D. m^2/s
E. m^3/s

5. Elektrizitätslehre

5.1 Elektrischer Strom

5.1.1   Fragentyp C

Die Stromstärke ist eine Basisgröße,

<u>weil</u>

die Einheit der Stromstärke im Internationalen Einheitensystem festgelegt ist.

5.1.2   Fragentyp C

Ein Strommesser hat im Vergleich zum Verbraucherwiderstand einen großen Innenwiderstand,

<u>weil</u>

er in Serie zum Verbraucher liegt und den Strom durch den Verbraucher nicht merkbar verändern soll.

5.1.3   Fragentyp C

Die Stromstärke ist eine abgeleitete Größe,

<u>weil</u>

die Stromstärke "Ladung durch Zeit" ist und die Zeit eine Basisgröße ist.

5.1.4 Fragentyp C

Ladungsträger, die sich ungeordnet in einem Leiter bewegen, stellen einen elektrischen Strom dar,

weil

der Quotient "Ladung durch Zeit" als Stromstärke definiert ist.

5.1.5 Fragentyp A

Die konventionelle Stromrichtung ist die Bewegungsrichtung von

A. Ionen
B. Elektronen
C. negativen Ladungsträgern
D. positiven Ladungsträgern
E. Neutronen

5.1.6 Fragentyp C

Eine Wirkung des elektrischen Stromes ist der Aufbau eines elektrischen Feldes,

weil

ein Strom nur fließen kann, wenn ein elektrisches Feld vorhanden ist.

5.1.7 Fragentyp C

Der elektrische Strom erwärmt den Leiter,

weil

durch Stoß der Ladungsträger mit den atomaren Bausteinen des Leiters die geordnete kinetische Energie der Ladungsträger in ungeordnete kinetische Energie der atomaren Bausteine des Leiters umgeformt wird.

5.1.8 Fragentyp A

Durch einen Draht, der in einer Mauer unter Putz liegt, fließe ein Gleichstrom. Mit welchem Apparat können sie den Draht am ehesten finden?

A. Mit einem Strommesser
B. Mit einem Kompaß
C. Mit einer geladenen Metallkugel an einer Schnur
D. Mit einem Radioempfänger
E. Mit einem Thermometer

5.1.9 Fragentyp C

Auf einen stromdurchflossenen Draht wird in einem Magnetfeld eine Kraft ausgeübt,

weil

der elektrische Strom um den Leiter ein Magnetfeld erzeugt, das mit dem vorhandenen Feld wechselwirkt.

5.1.10 Fragentyp C

Die Stromstärke ist eine abgeleitete Größe,

weil

sie durch das Ohmsche Gesetz "I = U/R" definiert ist.

5.1.11 Fragentyp D

Das magnetische Feld um einen geraden stromdurchflossenen Leiter

1) ist radial symmetrisch
2) ist homogen
3) ist kreisförmig
4) nimmt mit der Stromstärke im Leiter zu

Wählen Sie bitte die zutreffende Aussagenkombination.

A. Nur 1 ist richtig
B. Nur 3 ist richtig
C. Nur 1 und 2 sind richtig
D. Nur 2 und 3 sind richtig
E. Nur 3 und 4 sind richtig

5.2 Elektrische Ladung

5.2.1 Fragentyp A

Positive Ladungsträger sind

A. Wasserstoffionen
B. Sauerstoffionen
C. Elektronen
D. Neutronen
E. Nuklide

5.2.2 Fragentyp A

Negative Ladungsträger sind

A. Natriumionen
B. Chlorionen
C. Protonen
D. Neutronen
E. Nuklide

5.2.3   Fragentyp A

Alle außer einem der unten stehenden Partikel können
durch ein elektrisches Feld beschleunigt werden. Welches
der Partikel ist diese Ausnahme?

A. Ion
B. Elektron
C. Proton
D. Neutron
E. α-Teilchen

5.2.4   Fragentyp A

Die Elementarladung e hat den Wert

A. $e = 6,02 \cdot 10^{23}$ C
B. $e = 1,6 \cdot 10^{-19}$ C
C. $e = 300000$ C
D. $e = 9,81$ C
E. $e = 96500$ C

5.2.5   Fragentyp C

Die elektrische Ladung Q ist eine abgeleitete Größe,

weil

die Ladung über die Gleichung "$I = \frac{\Delta Q}{\Delta t}$" durch die beiden
Basisgrößen Stromstärke I und Zeit t festgelegt ist.

5.2.6   Fragentyp A

Welche der Gleichungen ist richtig?

A. 1 Coulomb = 1 Ampere · Sekunde
B. 1 Coulomb = 1 $\frac{Ampere}{Sekunde}$
C. 1 Coulomb = 1 Volt · Sekunde

D. 1 Coulomb = 1 $\frac{\text{Volt}}{\text{Sekunde}}$

E. 1 Coulomb = $\frac{\text{Volt} \cdot \text{Sekunde}}{\text{Ampere}}$

5.2.7   Fragentyp A

Die Einheit "Coulomb" ist die Einheit der

A. Kapazität eines Kondensators
B. elektrischen Ladung
C. elektrischen Arbeit
D. Induktivität einer Spule
E. elektrischen Leistung

5.3 Elektrische Spannung

5.3.1   Fragentyp C

Ein Spannungsmesser hat im Vergleich zum Verbraucherwiderstand einen kleinen Innenwiderstand,

<u>weil</u>

durch den parallel zum Verbraucher geschalteten Spannungsmesser im Vergleich zum Verbraucherstrom nur ein verschwindend kleiner Strom fließen darf.

5.3.2   Fragentyp C

Viele Spannungsmesser beruhen auf den Wirkungen des elektrischen Stroms,

<u>weil</u>

diese Spannungsmesser mit Hilfe des bekannten Innenwiderstandes kalibriert sind.

5.3.3 Fragentyp E

Nach Abb. 5.1 soll ein Spannungsmesser eingesetzt werden. Er muß eingebaut werden an die Stelle

A. ①
B. ②
C. ③
D. ④
E. ⑤

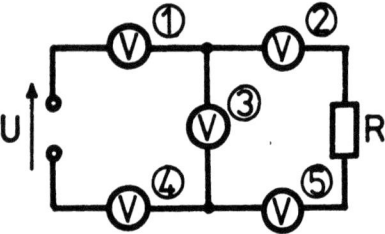

Abb. 5.1

5.3.4 Fragentyp A

Die sogenannte "Netzspannung" ist in Deutschland

A. U = 220 V Gleichspannung
B. U = 220 V Wechselspannung
C. U = 110 V Gleichspannung
D. U = 110 V Wechselspannung
E. U = 380 V Wechselspannung

5.3.5 Fragentyp A

Damit ein Spannungsmesser im Einsatz die richtige Spannung anzeigt, muß der Innenwiderstand des Spannungsmessers folgende Bedingung erfüllen:

A. Er muß sehr viel größer sein als der Widerstand, an dem die unbekannte Spannung gemessen werden soll.
B. Er spielt bei dieser Frage keine Rolle.
C. Er muß klein sein gegen den Verbraucherwiderstand.

D. Er muß Null sein, damit am Spannungsmesser kein Spannungsabfall auftritt.

E. Er soll etwa so groß sein wie der Widerstand, an dem die unbekannte Spannung gemessen werden soll.

5.3.6   Fragentyp D

Welche Aussagen treffen zum Begriff der elektrischen Spannung zu?

Die elektrische Spannung ist proportional

1) zu der Kraft, die auf Ladungen im elektrischen Feld wirkt.
2) zum Strom, der durch einen Ohmschen Widerstand fließt.
3) zur Arbeit, die beim Transport von elektrischer Ladung im elektrischen Feld verrichtet werden muß.
4) zum Unterschied der Stromstärken am Anfang und am Ende eines Leiters.

Wählen Sie bitte die zutreffende Aussagenkombination.

A. Nur 1 ist richtig
B. Nur 2 ist richtig
C. Nur 3 ist richtig
D. Nur 3 und 4 sind richtig
E. Nur 2 und 3 sind richtig

5.4 Elektrische Feldstärke

5.4.1   Fragentyp A

Die Spannung eines Elektroencephalogramms (EEG) hat die Größenordnung

A. $U = 0,1$ kV
B. $U = 0,1$ V
C. $U = 0,1$ mV
D. $U = 0,1$ µV
E. $U = 0,1$ nV

5.4.2   Fragentyp C

Legt man an einen Leiter eine Spannung, so fließt im Leiter ein Strom,

weil

durch die Spannung im Leiter ein elektrisches Feld aufgebaut wird, in dem auf Ladungsträger Kräfte ausgeübt werden.

5.4.3   Fragentyp C

Eine elektrische Spannung kann nur zwischen zwei Punkten eines elektrischen Feldes gemessen werden,

weil

Spannung elektrische Arbeit ist.

5.4.4   Fragentyp C

Ein Kondensator kann nur eine bestimmte maximale Ladungsmenge aufnehmen,

weil

die Kapazität eines Kondensators eine feste, charakteristische Größe ist.

5.4.5   Fragentyp D

Das elektrische Feld

1) verändert den Raum in der Art, daß auf Ladungen in diesem Raum Kräfte wirken
2) hat sowohl positive als auch negative Feldlinien
3) ist wie das Potentialfeld ein Skalarfeld
4) hat die gleiche Richtung wie die Kraft auf eine positive Ladung im Feld

Wählen Sie bitte die zutreffende Aussagenkombination.

A. Nur 2, 3 und 4 sind richtig
B. Nur 2 und 3 sind richtig
C. Nur 1 und 3 sind richtig
D. Nur 1 und 4 sind richtig
E. Nur 2 und 4 sind richtig

5.4.6   Fragentyp D

Die Kraft zwischen zwei geladenen Körpern ist

1) proportional zum Quadrat des Abstandes der beiden Körper
2) proportional zum Abstand der beiden Körper
3) umgekehrt proportional zum Quadrat des Abstandes der beiden Körper
4) proportional zu den einzelnen Ladungen der beiden Körper

Wählen Sie bitte die zutreffende Aussagenkombination.

A. Nur 1 ist richtig
B. Nur 3 und 4 sind richtig
C. Nur 2 ist richtig
D. Nur 1 und 4 sind richtig
E. Nur 2 und 4 sind richtig

5.4.7   Fragentyp C

Wenn ein Elektron auf einer geradlinigen Bahn fliegt, kann man daraus schließen, daß kein elektrisches Feld vorhanden ist,

<u>weil</u>

auf ein Elektron im elektrischen Feld immer eine Kraft ausgeübt wird, die es aus der geradlinigen Bahn ablenkt.

5.4.8 Fragentyp A

Zwei ungleichnamige Ladungen haben einen Abstand r voneinander. Die positive Ladung ist doppelt so groß wie die negative Ladung. Dann ist die Kraft, mit der die positive Ladung auf die negative wirkt

A. doppelt so groß wie die Kraft, mit der die negative auf die positive wirkt
B. gleich der Kraft, mit der die negative auf die positive wirkt
C. halb so groß wie die Kraft, mit der die negative auf die positive wirkt
D. noch vom Ladungszustand der Umgebung abhängig
E. proportional der Differenz der beiden Ladungen

5.4.9 Fragentyp C

Die Kraft, mit der zwei Ladungen aufeinander einwirken, hängt vom Ladungszustand der Umgebung ab,

weil

Ladungen in der Umgebung ebenfalls Kräfte auf die beiden Ladungen ausüben.

5.4.10 Fragentyp A

Welche Beschreibung des elektrischen Feldes ist richtig? Das elektrische Feld

A. besteht aus Feldlinien, längs denen Energie transportiert wird
B. kommt nur in Verbindung mit einem magnetischen Feld vor
C. ist ein Raumzustand, in dem auf eine Ladung eine Kraft ausgeübt wird
D. ist ein Raumzustand, in dem nur auf bewegte Ladungen Kräfte ausgeübt werden
E. ist ein Energiefeld, das Energie an die im Feld befindlichen Ladungen abgibt

5.4.11   Fragentyp C

Es gibt zwei Punkte im elektrischen Feld, zwischen
denen die Spannung Null ist,

weil

an allen Punkten auf einer Potentialfläche die gleiche
elektrische Feldstärke herrscht.

5.4.12   Fragentyp C

Für jeden beliebigen Punkt des elektrischen Feldes kann
man ein Potential angeben,

weil

eine Ladung in jedem Punkt des elektrischen Feldes eine
potentielle Energie hat. Dividiert man diese potentielle
Energie durch die Ladung, so erhält man das Potential
des Raumpunktes.

5.4.13   Fragentyp E

Mögliche elektrische Feldlinien des Kondensators in
Abb. 5.2 sind die Linien

A. nur ①
B. nur ②
C. ① und ②
D. ① und ③
E. ③ und ④

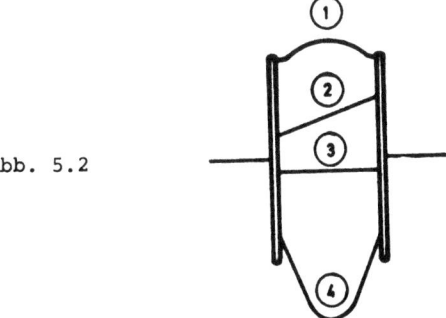

Abb. 5.2

5.4.14   Fragentyp D

Die Kapazität eines Plattenkondensators hängt ab von

1) der Plattenfläche
2) der angelegten Spannung
3) dem Plattenabstand
4) dem Stoff zwischen den beiden Platten

Wählen Sie bitte die zutreffende Aussagenkombination.

A. Nur 1 und 2 sind richtig
B. Nur 2 und 3 sind richtig
C. Nur 3 und 4 sind richtig
D. Nur 1, 2 und 3 sind richtig
E. Nur 1, 3 und 4 sind richtig

5.4.15   Fragentyp A

Die Einheit der Kapazität ist

A. das Henry
B. das Farad
C. das Coulomb
D. das Siemens
E. das Ohm

5.4.16   Fragentyp C

Die Feldlinien eines Kugelkondensators verlaufen radial,

weil

das Potentialfeld durch konzentrische Kugelschalen gebildet wird.

5.4.17 Fragentyp A

Farad ist der Name für die Einheit

A. $\dfrac{V\,s}{A}$

B. $\dfrac{A\,s}{V}$

C. $\dfrac{V}{A\,s}$

D. $\dfrac{A}{V\,s}$

E. $\dfrac{A\,V}{s}$

5.4.18 Fragentyp A

Die Kapazität eines Plattenkondensators ist um so größer,

A. je größer der Plattenabstand ist
B. je größer die Plattenfläche ist
C. je kleiner die Dielektrizitätskonstante ist
D. je größer die Leitfähigkeit des Plattenmaterials ist
E. je größer die Spannung am Kondensator ist

5.4.19 Fragentyp A

Der Faraday-Käfig ist ein Gerät zur

A. Messung der Influenz eines Stoffes
B. Abtrennung von Ladungen verschiedenen Vorzeichens
C. Abschirmung elektrischer Felder
D. Abschirmung magnetischer Felder
E. Erzeugung elektrischer Spannungen

5.4.20 Fragentyp A

Bringt man zwischen die Platten eines isoliert aufgestellten und aufgeladenen Plattenkondensators ein Dielektrikum, so

A. erhöht sich die Ladung auf den Platten
B. bleibt die Kapazität des Kondensators erhalten
C. sinkt die Spannung am Kondensator
D. steigt die Spannung am Kondensator
E. bleibt die Spannung am Kondensator konstant

5.4.21 Fragentyp A

Unter Influenz versteht man die

A. Fähigkeit, den elektrischen Strom zu leiten
B. Ladungstrennung im elektrischen Feld
C. Kraftwirkung auf den Leiter im elektrischen Feld
D. Fähigkeit, magnetische Felder abzuschirmen
E. Aufladung eines Kondensators

5.4.22 Fragentyp C

Bringt man einen Leiter in ein elektrisches Feld, so ist im Inneren des Leiters kein Feld vorhanden,

weil

die Feldlinien an den auf der Leiteroberfläche sitzenden Ladungen enden.

5.4.23 Fragentyp C

Bringt man einen Nichtleiter in ein elektrisches Feld, so entstehen atomare elektrische Dipole,

weil

die Schwerpunkte der positiven und der negativen Ladungen im Atom durch ein elektrisches Feld getrennt werden.

5.4.24   Fragentyp C

Die Dielektrizitätskonstante ε ist immer größer als eins,

weil

die Kapazität eines Kondensators ohne Dielektrikum kleiner ist als mit Dielektrikum

5.4.25   Fragentyp A

Die Kapazität eines Kondensators ist definiert als

A. C = Spannung mal Ladung
B. C = Spannung durch Ladung
C. C = Ladung durch Spannung
D. C = Stromstärke mal Ladung
E. C = Stromstärke durch Ladung

5.4.26   Fragentyp C

Erhöht man die an einem Kondensator liegende Spannung, so fließt zusätzliche Ladung auf den Kondensator,

weil

durch die Erhöhung der Spannung die Kapazität des Kondensators vergrößert wird.

5.4.27 Fragentyp E

Ein Elektronenstrahl fliegt durch einen Plattenkondensator (Abb. 5.3). Die Flugrichtung der Elektronen steht wie die Metallplatten senkrecht zur Zeichenebene. Die Elektronen fliegen auf den Boabachter zu. Dann werden die Elektronen

A. in Richtung 1 abgelenkt
B. in Richtung 2 abgelenkt
C. in Richtung 3 abgelenkt
D. in Richtung 4 abgelenkt
E. nicht abgelenkt

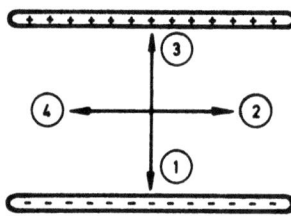

Abb. 5.3

5.5 Widerstand

5.5.1 Fragentyp C

Nichtleiter unterscheiden sich von Leitern dadurch, daß sie nur eine Sorte beweglicher Ladungsträger haben,

weil

ein Anlegen einer elektrischen Spannung an einen Körper nur zu einer Polarisierung des Körpers führen kann, wenn nur eine Ladungsträgersorte beweglich ist.

5.5.2 Fragentyp A

Welcher der folgenden Stoffe leitet den elektrischen Strom am besten?

A. Eisen
B. Gummi

C. Silber
D. Graphit
E. Bernstein

5.5.3 Fragentyp A

Nichtleiter oder Isolatoren haben

A. einen kleinen elektrischen Widerstand
B. eine große Beweglichkeit der Ladungsträger
C. eine kleine Leitfähigkeit
D. einen kleinen spezifischen Widerstand (Resistivität)
E. einen großen Leitwert

5.5.4 Fragentyp C

Die Leerlaufspannung einer Spannungsquelle kann nicht mit einem üblichen Spannungsmesser (z.B. Drehspulinstrument) direkt gemessen werden,

weil

die Leerlaufspannung die Klemmenspannung bei unbelasteter Spannungsquelle ist.

5.5.5   Fragentyp E

Zur Bestimmung des elektrischen Widerstandes R in Abb. 5.4 wird eine Batterie B mit einem Amperemeter (A) und einem Voltmeter (V) zusammengeschaltet. Zur Messung des elektrischen Widerstandes sind folgende Schaltungen geeignet.

A. ① und ②
B. ② und ③
C. ③ und ④
D. ① und ③
E. ① und ④

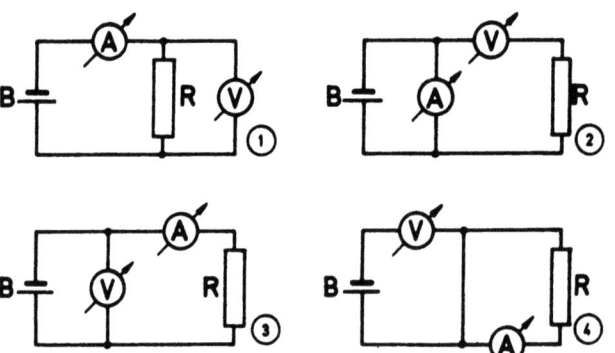

Abb. 5.

5.5.6   Fragentyp E

Welche Schaltung kann zur Zerstörung eines Meßgerätes in Abb. 5.4 führen?

A. Nur ①
B. Nur ②
C. Nur ③
D. Nur ④
E. ② und ④

5.5.7 Fragentyp C

Für einen Manganindraht ist in einem bestimmten Temperaturbereich das Ohmsche Gesetz gültig,

<u>weil</u>

die Kennlinie dieses Leiters in diesem Temperaturbereich eine Gerade durch den Nullpunkt ist.

5.5.8 Fragentyp C

Die Leerlaufspannung (EMK) E einer Spannungsquelle sinkt bei Belastung durch einen Verbraucherwiderstand,

<u>weil</u>

jede Spannungsquelle einen Innenwiderstand hat, an dem bei Strombelastung eine Spannung abfällt.

5.5.9 Fragentyp C

Der Widerstand eines Leiters nimmt mit wachsender Temperatur ab, wenn es sich um einen metallischen Leiter handelt,

<u>weil</u>

bei konstanter Spannung die Stromstärke mit steigender Temperatur abnimmt.

5.5.10 Fragentyp C

Durch die Belastung einer Spannungsquelle wird die Kurzschlußstromstärke erhöht,

<u>weil</u>

bei höherer Belastung die Klemmenspannung sinkt.

5.5.11   Fragentyp A

Die Einheit des Leitwertes ist

A. Ω m
B. S m^{-1}
C. S
D. Ω
E. s^{-1}

5.5.12   Fragentyp E

In Abb. 5.5 sind die Kennlinien verschiedener Leiter dargestellt. Die Kennlinie des Ohmschen Leiters ist

A. Kurve ①
B. Kurve ②
C. Kurve ③
D. Kurve ④
E. Kurve ⑤

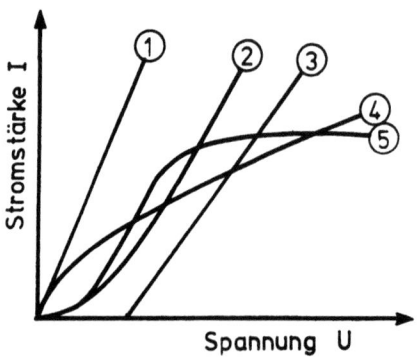

Abb. 5.5

5.5.13   Fragentyp E

Den kleinsten Widerstand der Leiter in Abb. 5.5 hat der Leiter mit der Kennlinie

A. Kurve ①
B. Kurve ②
C. Kurve ③
D. Kurve ④
E. Kurve ⑤

5.5.14 Fragentyp A

An einem Ohmschen Widerstand fällt eine elektrische Spannung ab. Dann ist dieser Spannungsabfall

A. proportional zum Unterschied der Stromstärken am Anfang und am Ende dieses Widerstandes
B. umgekehrt proportional zum Unterschied der Stromstärken am Anfang und am Ende dieses Widerstandes
C. am Anfang des Widerstandes größer als am Ende
D. proportional zum Strom, der durch diesen Widerstand fließt
E. umgekehrt proportional zum Strom, der durch diesen Widerstand fließt

5.5.15   Fragentyp E

In einem Stromkreis (Abb. 5.6) sind drei Ohmsche Widerstände mit den Widerstandswerten 30 Ohm, 20 Ohm und 10 Ohm hintereinandergeschaltet. Der Punkt E ist geerdet. Die Spannungsquelle hat 60 Volt. Wie groß ist die Spannungsdifferenz zwischen dem Punkt P und der Erde E?

A. 0 V
B. 10 V
C. 20 V
D. 30 V
E. 60 V

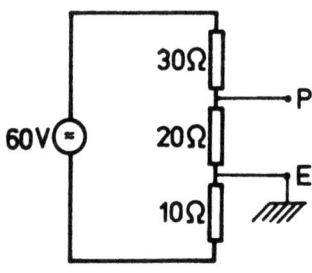

Abb. 5.6

5.5.16   Fragentyp C

Die Beziehung U = R · I kann man auf nichtohmsche Widerstände nicht anwenden,

weil

nur bei konstantem Widerstand die Spannung proportional der Stromstärke ist.

5.5.17   Fragentyp E

In Abb. 5.7 ist für zwei verschiedene Spannungsquellen 1 und 2 die Abhängigkeit der Klemmenspannung U_K von der Belastungsstromstärke I dargestellt.

A. Für die Leerlaufspannung gilt $U_1 > U_2$.
B. Für die Kurzschlußstromstärke gilt $I_{K,1} > I_{K,2}$.
C. Für den Innenwiderstand gilt $R_{I,1} < R_{I,2}$.
D. Die Klemmenspannung $U_{K,1}$ ist immer größer als $U_{K,2}$.
E. Der Innenwiderstand nimmt in beiden Fällen mit wachsender Stromstärke ab.

Abb. 5.7

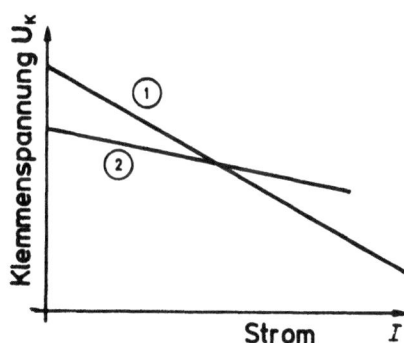

5.5.18   Fragentyp A

Die Gleichung $\frac{U}{I} = R$ ist

A. nur für Gleichspannung gültig
B. die Definitionsgleichung des elektrischen Widerstandes
C. das Ohmsche Gesetz
D. nur für homogene Leiter gültig
E. die Definitionsgleichung der elektrischen Spannung

5.5.19   Fragentyp E

Welche der fünf gezeichneten Stromspannungskennlinien
(Abb. 5.8) ist die Kennlinie eines Gleichrichters?

A. ①
B. ②
C. ③
D. ④
E. ⑤

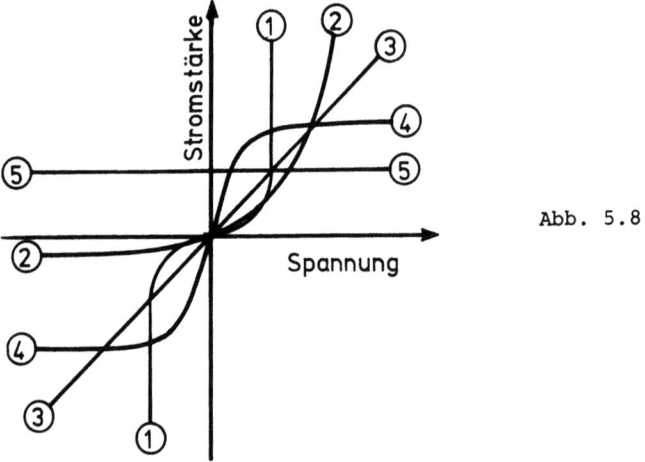

Abb. 5.8

5.5.20   Fragentyp C

Wenn die Stromdichte proportional der elektrischen
Feldstärke ist, dann gilt das Ohmsche Gesetz,

<u>weil</u>

das Ohmsche Gesetz lautet: "Die Leitfähigkeit ist konstant".

5.5.21 Fragentyp C

Die Summe aller Spannungen in einer Masche (Leiterschleife) ist Null,

weil

der Satz von der Erhaltung der Energie erfüllt sein muß.

5.5.22 Fragentyp A

Schaltet man drei gleiche Widerstände von je 2Ω parallel, so folgt für den Gesamtwiderstand R_g

A. $R_g = 6Ω$
B. $R_g = 1/6Ω$
C. $R_g = 1,5Ω$
D. $R_g = 2/3Ω$
E. $R_g = 2^3Ω$

5.5.23 Fragentyp A

Der Leitwert eines Drahtes der Länge l und der Querschnittsfläche A ist

A. proportional zur Länge l
B. umgekehrt proportional zur Länge l
C. proportional zum Widerstand des Drahtes
D. proportional zum Radius des Drahtes
E. umgekehrt proportional zur Querschnittsfläche A

5.5.24 Fragentyp E

In Abb. 5.9 ist die Strom-Spannungs-Kennlinie eines elektrischen Leiters gezeichnet. Der elektrische Widerstand bei U = 3V beträgt

A. 1,5 kΩ
B. 1 kΩ
C. 1,5 mΩ
D. 1 mΩ
E. 1,5 Ω

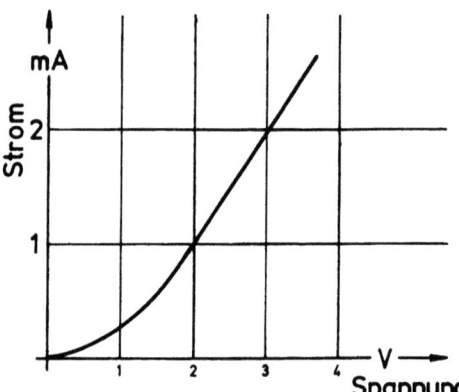

Abb. 5.9

5.5.25 Fragentyp A

Die Einheit der Leitfähigkeit ist

A. $(\Omega\ m)^{-1}$
B. $\Omega\ m^{-1}$
C. Sm
D. $\Omega\ m$
E. $(Sm)^{-1}$

5.5.26 Fragentyp C

Die Resistivität (spezifischer Widerstand) ρ hat die Einheit Ω/m,

weil

die Definition der Resistivität ρ eines Leiters der Länge l und des Querschnitts A durch die Gleichung $R = \rho \cdot l/A$ erfolgt.

5.5.27 Fragentyp A

Schaltet man drei gleiche Widerstände von je 4Ω parallel, so folgt für den Gesamtleitwert G_g

A. $G_g = 12$ S
B. $G_g = 1/12$ S
C. $G_g = 4/3$ S
D. $G_g = 3/4$ S
E. $G_g = \sqrt{4}$ S

5.5.28 Fragentyp A

Der Gesamtleitwert G_g der beiden Widerstände $R_1 = 2\Omega$ und $R_2 = 4\Omega$ beträgt bei Serienschaltung

A. $G_g = 6$ S
B. $G_g = 1/6$ S
C. $G_g = 3/4$ S
D. $G_g = 4/3$ S
E. $G_g = \frac{2}{4}$ S

5.5.29   Fragentyp C

Mit einer vorgegebenen Spannungsquelle (z.B. Trocken-
element U = 1,5 V) kann man die Spannung jeder unbekannten Spannungsquelle durch Kompensation messen,

weil

sich auf dem Potentiometer-(Spannungsteiler-)Widerstand
immer eine Stelle finden läßt, an der das Potential
gleich dem Potential der zu messenden Spannungsquelle
ist.

5.5.30   Fragentyp E

Die Brücke in Abb. 5.10 ist nicht abgeglichen. Für das
Potential der beiden Punkte A und B gilt:

A. $\Phi_A > \Phi_B$

B. $\Phi_A = \Phi_B$

C. $\Phi_A < \Phi_B$

D. $\Phi_B = \Phi_A = 1V$

E. $\Phi_A : \Phi_B = 5 : 10$

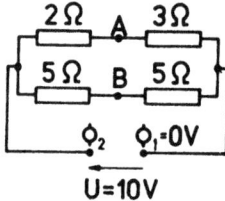

Abb. 5.10

5.5.31   Fragentyp E

Die Wheatstonesche Brücke in Abb. 5.11 sei abgeglichen.
Der Spannungsabfall am unbekannten Widerstand R_x in
Abb. 5.11 beträgt

A. U = 1V

B. U = 2V

C. U = 3V

D. U = 4V

E. U = 6V

Abb. 5.11

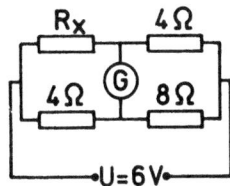

5.5.32 Fragentyp E

Der unbekannte Widerstand R_X in Abb. 5.11 hat den Wert

A. $R_X = 1\Omega$
B. $R_X = 2\Omega$
C. $R_X = 3\Omega$
D. $R_X = 4\Omega$
E. $R_X = 8\Omega$

5.5.33 Fragentyp E

Die Gesamtstromstärke in Abb. 5.11 beträgt

A. $I_g = 1A$
B. $I_g = 1,5A$
C. $I_g = 2A$
D. $I_g = 2,5A$
E. $I_g = 3A$

5.5.34 Fragentyp E

Der Strom I durch den oberen Brückenzweig in Abb. 5.11 beträgt

A. $I = 4A$
B. $I = 2A$
C. $I = 1,5A$
D. $I = 1A$
E. $I = 0,5 A$

5.5.35 Fragentyp C

Spannungsmessung durch Kompensation wendet man bei der Messung der Leerlaufspannung einer Spannungsquelle an,

weil

die Spannungsmessung durch Kompensation eine stromlose Spannungsmessung ist.

5.5.36 Fragentyp D

Wenn zwei verschiedene Widerstand R_1, R_2 in einen Stromkreis in Serie geschaltet werden,

1) dann fällt an beiden Widerständen jeweils die gleiche Spannung ab
2) dann fließt durch beide Widerstände jeweils der gleiche Strom
3) dann ist der Gesamtwiderstand dieser Widerstandskombination kleiner als ein Einzelwiderstand
4) dann ist der Gesamtwiderstand dieser Widerstandskombination größer als ein Einzelwiderstand

Wählen Sie bitte die zutreffende Aussagenkombination.

A. Nur 1 ist richtig
B. Nur 2 ist richtig
C. Nur 4 ist richtig
D. Nur 1 und 3 sind richtig
E. Nur 2 und 4 sind richtig

5.5.37 Fragentyp D

Wenn man einen Kondensator über einen Widerstand entlädt, so

1) sinkt die Spannung proportional zur Zeit t auf den Wert Null ab
2) klingt der Entladestrom exponentiell mit der Zeit ab
3) wird die Kapazität proportional zur Entladungsspannung kleiner
4) läuft die Abnahme der Ladung exponentiell mit der Zeit ab

Wählen Sie bitte die zutreffende Aussagenkombination.

A. Nur 1 ist richtig
B. Nur 2 ist richtig
C. Nur 3 ist richtig
D. Nur 1 und 2 sind richtig
E. Nur 2 und 4 sind richtig

5.5.38　　　　　　　　　　　　　　　　　　　　　Fragentyp C

Entlädt man einen Kondensator über einen Widerstand, so nimmt die Spannung zeitlich exponentiell ab,

weil

die Kapazität des Kondensators proportional der Spannung ist.

5.5.39　　　　　　　　　　　　　　　　　　　　　Fragentyp A

Welche der Beziehungen zwischen der Resistivität und der Leitfähigkeit eines Stoffes trifft zu?

A. Resistivität = Leitfähigkeit

B. Resistivität ist proportional zur Leitfähigkeit

C. $\dfrac{\text{Resistivität}}{\text{Leitfähigkeit}} = 1$

D. Resistivität = $\dfrac{1}{\text{Leitfähigkeit}}$

E. Resistivität + Leitfähigkeit = 1

5.5.40 Fragentyp A

Bei einer Kondensatorentladung über einen Widerstand wird eine Halbwertszeit von $T_{1/2} = 2$ s gemessen.

A. Nach 4 s ist der Kondensator entladen.
B. Die Halbwertszeit ist unabhängig von der Kapazität des Kondensators.
C. Die Halbwertszeit ist abhängig von der Ausgangsspannung.
D. Die Halbwertszeit ist abhängig von der Ladung des Kondensators.
E. Nach 6 s hat der Kondensator eine Spannung $U = 1$ V, wenn er ursprünglich auf $U_0 = 8$ V aufgeladen war.

5.5.41 Fragentyp A

Die Einheit der elektrischen Leistung ist

A. Watt mal Sekunde
B. Watt durch Sekunde
C. Joule durch Sekunde
D. Newton durch Sekunde
E. Newton mal Sekunde

5.5.42 Fragentyp A

Die elektrische Leistung P ist durch die Gleichung festgelegt

A. P = Ladung durch Zeit
B. P = Stromstärke mal Zeit
C. P = Stromstärke durch Zeit
D. P = Spannung mal Stromstärke
E. P = Spannung durch Stromstärke

5.5.43   Fragentyp A

Ein elektrisches Gerät hat bei der angelegten Nennspannung U = 220 V die Leistung P = 1000 W. Schließt man dieses Gerät an eine Spannung U = 110 V an, so verbraucht es die elektrische Leistung

A. P = 250 W
B. P = 500 W
C. P = 750 W
D. P = 1000 W
E. P = 2000 W

5.5.44   Fragentyp A

Ein elektrisches Gerät hat einen Anschlußwert P = 3,3 kW. Um es an das städtische Netz (U = 220 V) anzuschließen, muß der Stromkreislauf folgende Mindestabsicherung haben

A. I = 6 A
B. I = 10 A
C. I = 16 A
D. I = 20 A
E. I = 25 A

5.5.45   Fragentyp A

Die Zeitkonstante eines RC-Gliedes wird erhöht durch

A. Erhöhung der angelegten Spannung
B. Verkleinerung des Widerstandes
C. Vergrößerung der Kapazität
D. Vergrößerung der Ladung
E. Verkleinerung der Stromstärke durch das RC-Glied

5.5.46 Fragentyp A

Ein Kondensator wird über einen Widerstand R entladen. Unter der Zeitkonstanten dieses Vorganges versteht man

A. die Zeit, die verstreicht, bis die Ladung auf dem Kondensator auf die Hälfte abgesunken ist
B. die Zeit, die verstreicht, bis die Spannung am Kondensator auf die Hälfte abgesunken ist
C. die Zeitspanne bis zur völligen Entleerung des Kondensators
D. die Zeitspanne, die der Strom durch den Widerstand braucht
E. Keine der Antworten ist richtig

5.5.47 Fragentyp A

Die Einheit der Zeitkonstanten eines RC-Gliedes ist

A. Sekunde
B. Ohm/Farad
C. Ohm · Sekunde
D. Ohm · Farad/Sekunde
E. Ohm · Sekunde/Farad

5.6 Vorgänge der Elektrizitätsleitung

5.6.1 Fragentyp A

Die maximale Berührungsspannung (VDE DIN Norm) beträgt

A. 30 V
B. 65 V
C. 100 V
D. 135 V
E. 220 V

5.6.2 Fragentyp A

Gleich- oder Wechselströme werden für den menschlichen Körper gefährlich, wenn sie den folgenden Wert überschreiten

A. 0,5 mA
B. 5 mA
C. 50 mA
D. 500 mA
E. 5000 mA

5.6.3 Fragentyp C

Legt man eine Spannung an eine Silbersalzlösung, so scheidet sich an der positiven Elektrode (Anode) Silber ab,

weil

durch den Ionenstrom Materie aus der Lösung zu den Elektroden transportiert, dort entladen und abgeschieden wird.

5.6.4 Fragentyp C

Mit dem elektrischen Strom ist immer ein Materiestrom verbunden,

weil

die elektrische Ladung stets mit Materie verknüpft ist.

5.6.5 Fragentyp D

Damit die Elektronen im Elektronenstrahl der Oszillographenröhre eine große Geschwindigkeit erhalten, muß

1) die Stromstärke groß sein
2) die Anodenspannung groß sein
3) die Heizspannung der Kathode groß sein

Wählen Sie bitte die zutreffende Aussagenkombination.

A. Nur 1 ist richtig
B. Nur 2 ist richtig
C. Nur 3 ist richtig
D. Nur 1 und 2 sind richtig
E. Nur 2 und 3 sind richtig

5.6.6 Fragentyp C

Zur Horizontalablenkung des Elektronenstrahls einer Oszillographenröhre wird eine Sägezahnspannung an die Ablenkplatten gelegt,

weil

zeitproportionale Spannungen zeitproportionale Ablenkungen zur Folge haben.

5.6.7 Fragentyp C

Das Oszillographenbild ist das immer wieder neu aufgezeichnete Bild eines periodischen Spannungsverlaufes. Es steht als Daueraufnahme still,

weil

die Meßspannung immer mit der gleichen Phase an der gleichen Stelle des Bildschirms erscheint.

5.6.8 Fragentyp C

Eine Vakuumdiode kann als Gleichrichter verwendet werden,

weil

der Strom nur in einer Richtung, nämlich in Richtung auf die geheizte Kathode, fließt.

5.6.9 Fragentyp D

Atome oder Moleküle eines Gases können ionisiert werden durch

1) Erwärmung des Gases
2) gegenseitige Stöße
3) Wechselwirkung mit ultrarotem Licht
4) Wechselwirkung mit γ-Strahlung

Wählen Sie bitte die zutreffende Aussagenkombination.

A. Nur 1 und 2 sind richtig
B. Nur 1 und 3 sind richtig
C. Nur 1, 2 und 3 sind richtig
D. Nur 1, 2 und 4 sind richtig
E. Alle Aussagen sind richtig

5.6.10 Fragentyp A

Eine Elektronenlawine kann auftreten

A. beim Aufheizen einer Glühkathode
B. beim Dissoziieren eines Salzes in wäßriger Lösung
C. bei der Stoßionisation
D. beim Abbremsen der Elektronen in einer Röntgenröhre
E. beim Beleuchten einer Photokathode

5.6.11   Fragentyp C

Die metallische Leitung ist eine Elektronenleitung,

weil

Elektronen eines Metalls als Leitungselektronen im Metallgitter frei beweglich sind.

5.6.12   Fragentyp D

Die Ladungsträger in einem Elektrolyten können sein

1) Protonen
2) Neutronen
3) positive Ionen
4) negative Ionen
5) Atome

Wählen Sie bitte die zutreffende Aussagenkombination.

A. Nur 1 und 2 sind richtig
B. Nur 2 und 5 sind richtig
C. Nur 3 und 4 sind richtig
D. Nur 2, 3 und 4 sind richtig
E. Nur 1, 3 und 4 sind richtig

5.6.13   Fragentyp A

Dissoziation von Stoffen in gewissen Lösungsmitteln, z.B. Wasser, ist

A. die Aufspaltung eines Atomkerns
B. die Aufspaltung eines Moleküls in Bruchstücke
C. die Aufladung eines Leiters im elektrischen Feld
D. die Ionisierung eines Moleküls durch Elektronenbeschuß
E. die Ionisierung eines Moleküls durch hohe Felder

5.6.14   Fragentyp C

Die Oszillographenröhre ist eine Elektronenstrahlröhre,

weil

der Leuchtschirm der Röhre durch einen ablenkbaren Elektronenstrahl zum Leuchten gebracht wird.

5.6.15   Fragentyp A

Der Elektronenaustritt aus Metallen hängt von der Temperatur ab. Welche Gründe sprechen dafür?

A. Durch die größere Wärmebewegung bei Temperaturerhöhung erhalten die Elektronen des Metalls eine größere Leitfähigkeit.

B. Der elektrische Widerstand wird durch Temperaturerhöhung erniedrigt. Dies führt zu einer größeren Geschwindigkeit der Elektronen.

C. Durch Temperaturerhöhung wird das Elektronengas analog zu erwärmter Luft leichter und steigt nach oben.

D. Durch die größere Wärmebewegung bei Temperaturerhöhung erhalten die Elektronen des Metalls eine größere kinetische Energie.

E. Keine der obigen Antworten ist richtig.

5.6.16   Fragentyp A

Stoßionisation bedeutet: Ladungsträger werden in einem Gas unter vermindertem Druck unter Einwirkung eines elektrischen Feldes beschleunigt und

A. schlagen durch Aufprallen auf die Anode dort Elektronen heraus

B. erzeugen durch Aufprallen auf die Kathode Ionen

C. ionisieren durch Zusammenprall mit den Gasmolekülen diese

D. bilden durch Stoß mit Lichtquanten neue Ladungsträger

E. Keine der obigen Aussagen ist richtig

5.6.17 Fragentyp D

Welchen Vorgang versteht man unter Photoemission (lichtelektrischer Effekt)?

1) Durch die Lichtenergie wird ein Metall erwärmt, wodurch die Elektronen des Leiters eine höhere kinetische Energie erhalten und somit die Austrittsarbeit überwinden.

2) Ein Elektron des Metalls nimmt die Quantenenergie eines Lichtquants auf, erhält damit eine höhere kinetische Energie und überwindet somit die Austrittsarbeit.

3) Ein Elektron des Metalls nimmt nacheinander die Energie bestimmter Lichtquanten auf, bis es schließlich die Austrittsarbeit überwindet.

4) Durch Stoßionisation der Lichtquanten können die Elektronen die Austrittsarbeit überwinden.

Wählen Sie bitte die zutreffende Aussagenkombination.

A. Nur 2 ist richtig

B. Nur 4 ist richtig

C. Nur 2 und 3 sind richtig

D. Nur 3 und 4 sind richtig

E. Nur 2 und 4 sind richtig

5.7 Entstehung von Spannungen an Grenzflächen

5.7.1 Fragentyp C

Zwischen den Schweißstellen eines Thermoelements herrscht auch dann eine Spannung, wenn die Temperaturdifferenz der beiden Schweißstellen Null ist,

weil

bei inniger Berührung zweier Metalle über der Grenzschicht immer eine Spannung entsteht.

5.7.2 Fragentyp C

Ein Thermoelement eignet sich als Thermometer,

weil

die Thermospannung temperaturabhängig ist.

5.7.3 Fragentyp A

Die Nernstsche Gleichung heißt:

A. $U = \frac{Q}{C}$

B. $U = U_0 \exp(\frac{t}{RC})$

C. $U = U \sin \omega t$

D. $U = U_0 \log(c_1/c_2)$

E. $U = \frac{c_1}{c_2} \ln 2$

5.7.4 Fragentyp D

Eine Diffusionsspannung tritt auf, wenn

1) in einem Elektrolyten die negativen und positiven Ionen verschieden schnell diffundieren

2) in einem Elektrolyten Elektroden eintauchen

3) durch einen Elektrolyten Strom fließt und die positiven und negativen Ionen verschiedene Wanderungsgeschwindigkeiten haben

4) in einem Elektrolyten die negativen und positiven Ionen verschieden schnell diffundieren und im Elektrolyten ein Konzentrationsgefälle des gelösten Salzes besteht

Wählen Sie bitte die zutreffende Aussagenkombination.

A. Nur 1 ist richtig
B. Nur 2 ist richtig
C. Nur 3 ist richtig
D. Nur 4 ist richtig
E. Nur 1 und 3 sind richtig

5.7.5 Fragentyp A

Eine Membran heißt semipermeabel, wenn sie

A. nur für bestimmte Teilchen durchlässig ist
B. die Stromstärke auf die Hälfte reduziert
C. in einer Richtung nur zur Hälfte durchlässig ist
D. nur in einer Richtung durchlässig ist
E. für bestimmte Teilchen nur in einer Richtung durchlässig ist

5.7.6 Fragentyp E

In Abb. 5.12 ist die Membranspannung U als Funktion des Konzentrationsverhältnisses c_1/c_2 des durch die Membran diffundierenden Ions aufgetragen. Es gilt die Nernstsche Gleichung: $U = U_O \log c_1/c_2$. Wie groß ist hier der Faktor U_O?

A. 17,5 mV
B. 35 mV
C. 55 mV
D. 58 mV
E. 65 mV

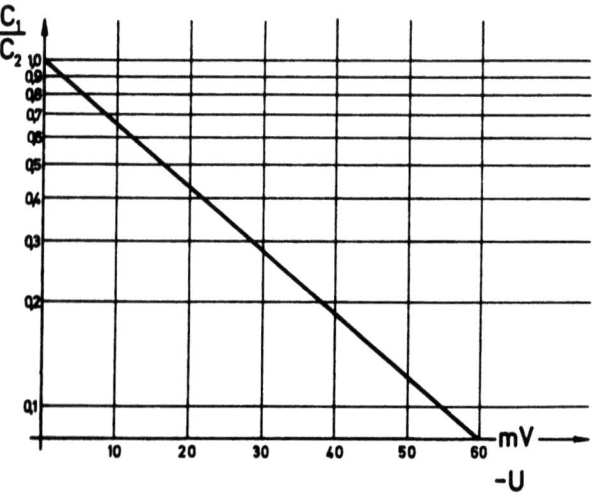

Abb. 5.12

5.7.7 Fragentyp A

An einer Membran der Temperatur $t_1 = 37°C$ tritt eine Membranspannung auf. Für die Größe der Spannung gilt die Nernstsche Gleichung. Um wieviel Prozent (ungefährer Wert) ändert sich die Membranspannung, wenn die Temperatur auf $t_2 = 41°C$ steigt?

A. Um etwa 1%

B. Um etwa 10%

C. Um etwa 20%

D. Um etwa 50%

E. Die Membranspannung ändert sich nicht, da sie nicht von der Temperatur abhängt.

5.7.8 Fragentyp C

Wenn an einer Membran Membranspannungen auftreten, so muß auch ein osmotischer Druck an ihr entstehen,

weil

eine solche Membran nur für bestimmte Substanzen durchlässig ist.

5.7.9 Fragentyp A

Membranspannungen an einer Membran in einer Flüssigkeit treten auf, wenn

A. durch die Oberflächenspannung der Membran diese polarisiert wird

B. ein Strom durch die Membran fließt

C. nur bestimmte Ionen durch diese Membran diffundieren

D. durch den osmotischen Druck Ionen durch die Membran gepreßt werden

E. Keine der obigen Antworten ist richtig.

5.8 Magnetische Vorgänge

5.8.1 Fragentyp A

Die magnetische Feldstärke in einer langen Spule ist unabhängig

A. von der Länge l der Spule
B. von dem Durchmesser d der Spule
C. von der Windungszahl n der Spule
D. von der Stromstärke I in der Spule
E. Keine der obigen Antworten ist richtig.

5.8.2 Fragentyp A

Die Einheit der magnetischen Feldstärke H ist

A. $[H] = A\ m$
B. $[H] = A/m$
C. $[H] = V/m$
D. $[H] = A/V \cdot Windungen$
E. $[H] = V\ m$

5.8.3 Fragentyp D

Bringt man einen magnetischen Dipol in ein homogenes magnetisches Feld, so

1) wird ein beweglicher Dipol in die Richtung des Feldes gedreht
2) wird ein beweglicher Dipol zum Südpol hin bewegt
3) wird ein beweglicher Dipol zum Nordpol hin bewegt
4) wirken auf die beiden Pole zwei gleich große entgegengesetzt gerichtete Kräfte
5) zeigt der Nordpol eines beweglichen Dipols in die Feldrichtung

Wählen Sie bitte die zutreffende Aussagenkombination.

A. Nur 2 ist richtig
B. Nur 3 und 5 sind richtig

C. Nur 1, 2 und 5 sind richtig
D. Nur 1, 3 und 5 sind richtig
E. Nur 1, 4 und 5 sind richtig

5.8.4 Fragentyp A

Das magnetische Feld

A. verändert den Raum in der ·Art, daß auf elektrische Ladungen in diesem Raum Kräfte wirken
B. hat positive und negative Feldlinien
C. verändert den Raum in der Art, daß auf einen magnetischen Dipol ein Drehmoment wirkt
D. stellt einen magnetischen Dipol senkrecht zu den magnetischen Feldlinien
E. hat immer ein elektrisches Feld zur Folge

5.9 Wechselstrom, elektrische Schwingungen und Wellen

5.9.1 Fragentyp C

Legt man an einen Ohmschen Widerstand eine Wechselspannung, so fließt ein phasengleicher Wechselstrom,

weil

die Phasenverschiebung zwischen Strom und Spannung beim Ohmschen Widerstand Null ist.

5.9.2 Fragentyp A

Die Spannung U(t) einer sinusförmigen Wechselspannung hat die mathematische Form

A. $U(t) = \omega \sin U_0 \, t$

B. $U(t) = U_0 \sin \frac{2\pi}{T} t$

C. $U(t) = U_0 \sin t/\omega$

D. $U(t) = U_0 \, T \sin(2 \pi f \, t)$

E. $U(t) = \sin \omega t$

wenn ω die Kreisfrequenz, T die Periodendauer, U_0 die Scheitelspannung und f die Frequenz ist

5.9.3 Fragentyp D

Ein sinusförmiger Wechselstrom I (t) kann die mathematische Form haben:

1) $I(t) = I_0 \cos \omega t$
2) $I(t) = I_0 \sin \omega t$
3) $I(t) = I_0 \cos(2 \pi f \, t)$
4) $I(t) = I_0 \sin(2 \pi f \, t)$
5) $I(t) = I_0 \sin(2\pi t/T)$

wobei ω die Kreisfrequenz und I_0 die Spitzenstromstärke ist.

Wählen Sie bitte die zutreffende Aussagenkombination.

A. Nur 1 und 2 sind richtig

B. Nur 2 und 4 sind richtig

C. Nur 1 und 3 sind richtig

D. Nur 2, 4 und 5 sind richtig

E. Alle Aussagen sind richtig

5.9.4 Fragentyp A

Die effektive Spannung einer sinusförmigen Wechselspannung ist

A. der Mittelwert der Spannung über eine halbe Periode
B. der Mittelwert der Spannung über eine Periode
C. die am Verbraucher tatsächlich vorhandene Spannung
D. die mit Spitzenspannung U_O verknüpft: $U_{eff} = \sqrt{2}\, U_O$
E. gleich der Gleichspannung U, die an einem Ohmschen Leiter die gleiche Leistung bringen würde

5.9.5   Fragentyp A

Selbstinduktion ist

A. die Entstehung einer Spannung in einem Leiter ohne äußere Einflüsse
B. die Erzeugung eines elektrischen Feldes durch einen elektrischen Strom im Leiter
C. die Erzeugung eines magnetischen Feldes durch einen elektrischen Strom im Leiter
D. die Erzeugung eines elektrischen Feldes in einem Leiter durch die Änderung des vom Strom erzeugten Magnetfeldes
E. der Aufbau eines magnetischen Feldes im Leiter selbst

5.9.6   Fragentyp C

Wenn sich die Stromstärke in einem Leiter ändert, dann wird in dem Leiter eine Spannung induziert,

<u>weil</u>

die Selbstinduktionsspannung immer auftritt, wenn das vom Strom erzeugte Magnetfeld geändert wird.

5.9.7   Fragentyp A

Ein Tranformator dient zur

A. Spannungserzeugung
B. Umwandlung von Wechselstrom in Gleichstrom
C. Umwandlung von Gleichstrom in Wechselstrom
D. Vergrößerung und Verkleinerung einer vorgegebenen Wechselspannung
E. Umwandlung von elektrischer Energie in Wärmeenergie

5.9.8   Fragentyp A

Die Spannungsumwandlung in einem idealen Transformator, d.h. das Verhältnis der Eingangsspannung zur Ausgangsspannung, ist gleich dem Verhältnis

A. Eingangsstromstärke zur Ausgangsstromstärke
B. Eingangswiderstand zu Ausgangswiderstand
C. der Windungszahlen in Eingangs- und Ausgangskreis
D. der Leitwerte in Eingangs- und Ausgangskreis
E. Ausgangsstromstärke zu Eingangsstromstärke

5.9.9   Fragentyp A

Die Aussage: "An diesem Ort herrscht ein magnetisches Feld" bedeutet: An diesem Ort

A. fließt ein elektrischer Strom
B. muß auch ein elektrisches Feld vorhanden sein
C. wird auf eine elektrische Ladung eine Kraft ausgeübt
D. befindet sich eine magnetische Ladung
E. wird auf einen Magnetstab ein Drehmoment ausgeübt

5.9.10   Fragentyp A

Die therapeutische Wirkung der sogenannten "Kurzwellen" ist

A. Erwärmung der bestrahlten Körperteile
B. Abtötung kranker Zellen

C. Dissoziation in der Zelle

D. Anregung der bestrahlten Körperteile durch Spannungsimpulse

E. kurzzeitige chemische Veränderung der bestrahlten Zellen

5.9.11   Fragentyp E

In Abb. 5.13 ist die Strom-Spannungs-Kennlinie eines Widerstandes gezeichnet. Wie groß ist der Leitwert bei U = 2 V?

A. 0,75 $(m\Omega)^{-1}$

B. 0,75 $m\Omega$

C. 1,33 $k\Omega$

D. 0,75 S

E. 0,75 $(k\Omega)^{-1}$

Abb. 5.13

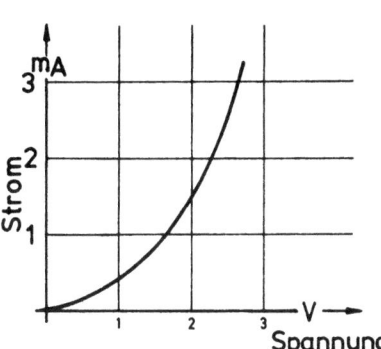

5.9.12 Fragentyp E

An ein RC-Glied (Abb. 5.14) wird eine Rechteckspannung gelegt. Welche der Graphen in Abb. 5.15 geben mögliche Zeitfunktionen des Spannungsverlaufs über den Widerstand R wieder?

A. Nur A
B. A und B
C. A und C
D. B und C
E. B und D

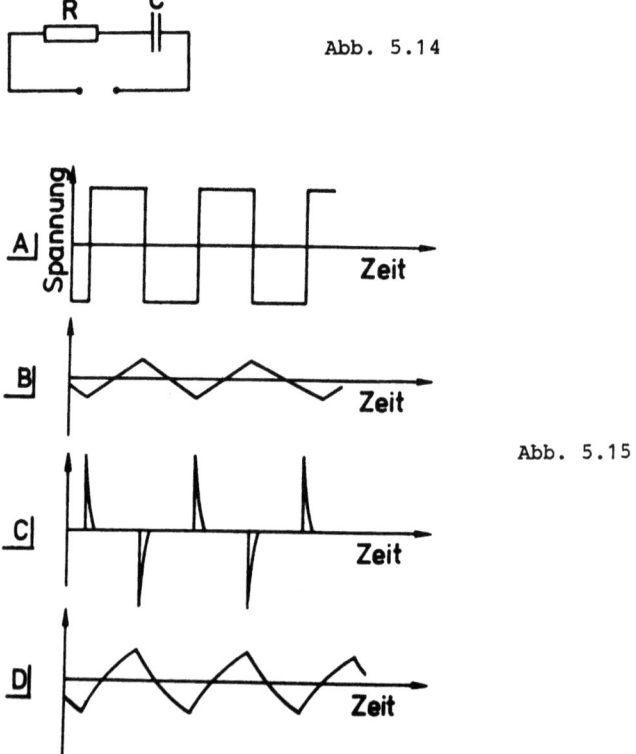

Abb. 5.14

Abb. 5.15

5.9.13 Fragentyp D

In einem stromführenden Kabel soll die Stromrichtung festgestellt werden, ohne den Stromkreis zu unterbrechen. Dies ist möglich mit Hilfe eines

1) Kompaß
2) Voltmeter
3) Ohmmeter
4) Amperemeter

Wählen Sie bitte die zutreffende Aussagenkombination.

A. Nur 1 ist richtig
B. Nur 2 ist richtig
C. Nur 3 ist richtig
D. Nur 4 ist richtig
E. Nur 1 und 2 sind richtig

5.9.14   Fragentyp E

Legt man an das RC-Glied der Abb. 5.14 eine Wechsel-
spannung, so erhält man eine zeitabhängige Ladung des
Kondensators. Mögliche Zeitfunktionen des Ladungsver-
laufs am Kondensator sind in Abb. 5.16 dargestellt.
Welche der folgenden Kombinationen von Graphen der
Abb. 5.16 gibt den Ladungsverlauf richtig wieder?

A. Nur B
B. Nur C
C. Nur A und B
D. Nur B und C
E. Nur C und D

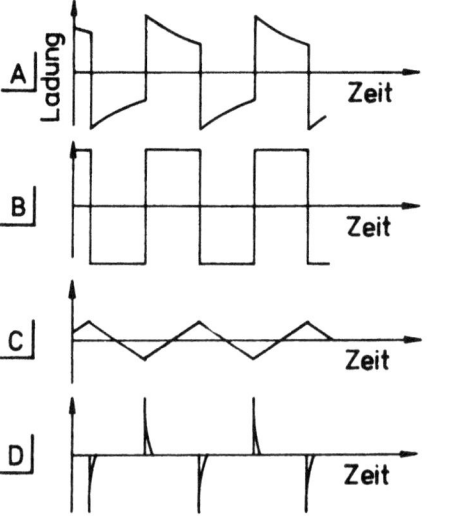

Abb. 5.16

6. Schwingungen und Wellen

6.1 Einfache schwingungsfähige Systeme (Pendel, Schwinger)

6.1.1   Fragentyp D

Bei einem ungedämpft schwingenden Fadenpendel ist

1) die mechanische Gesamtenergie zeitlich konstant
2) die potentielle Energie im Umkehrpunkt gleich der kinetischen Energie im Nulldurchgang
3) die kinetische Energie im Umkehrpunkt gleich der potentiellen Energie im Nulldurchgang, falls dort die potentielle Energie $E_{pot} = 0$ gesetzt ist
4) in jedem Zeitpunkt potentielle und kinetische Energie gleich

Wählen Sie bitte die zutreffende Aussagenkombination.

A. Nur 1 ist richtig

B. Nur 2 ist richtig

C. Nur 1 und 2 sind richtig

D. Nur 1, 2 und 3 sind richtig

E. Alle Aussagen sind richtig

6.1.2 Fragentyp E

In Abb. 6.1 sind die Bauelemente Spule L, Kondensator C, Widerstand R und Spannungswelle U miteinander verknüpft. Ein Resonanzschwingkreis wird dargestellt durch folgende Schaltbilder:

A. Nur 1 ist richtig
B. Nur 2 ist richtig
C. Nur 2 und 3 sind richtig
D. Nur 1 und 4 sind richtig
E. Alle Aussagen sind richtig

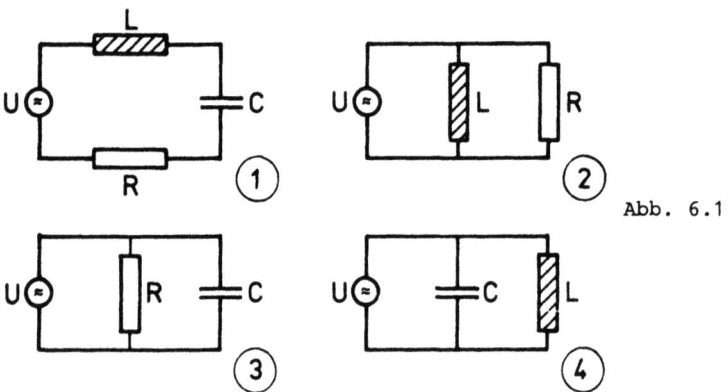

Abb. 6.1

6.1.3 Fragentyp A

Beim ungedämpft schwingenden Federpendel ist

A. die potentielle Energie konstant
B. die Gesamtenergie konstant
C. die kinetische Energie immer gleich der potentiellen Energie
D. die maximale kinetische Energie gleich der maximalen Spannkraft der Feder
E. keine Antwort ist richtig

6.1.4   Fragentyp D

Ein elektrischer Schwingkreis kann durch folgende Bauelemente realisiert werden:

1) Widerstand, Kondensator und Spule
2) Widerstand und Kondensator
3) Widerstand und Spule
4) Spule und Kondensator

Wählen Sie bitte die zutreffende Aussagenkombination.

A. Nur 1 ist richtig
B. Nur 2 ist richtig
C. Nur 3 ist richtig
D. Nur 4 ist richtig
E. Nur 1 und 4 sind richtig

6.1.5   Fragentyp E

Ein Federpendel schwingt zwischen den Lagen ① und ② hin und her. In Abb. 6.2 sind vier verschiedene Momentaufnahmen der Feder gezeichnet. Welche der umstehenden Aussage ist richtig?

A. In Lage ① ist die kinetische Energie am größten.
B. In Lage ② hat sich alle Energie in potentielle elastische Energie der Feder umgewandelt.
C. In Lage ② hat die potentielle (elastische) Energie der Feder einen geringeren Wert als in Lage ④.
D. In Lage ④ hat sich die Hälfte der potentiellen (elastischen) Energie von Lage ② in kinetische Energie umgewandelt.
E. In Lage ② ist die potentielle Energie größer als in Lage ① .

Abb. 6.2

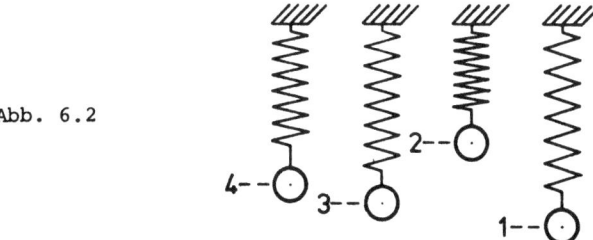

6.1.6 Fragentyp E

Ein ideales elektrisches Pendel (Schwingkreis Abb. 6.3) bestehend aus idealem Kondensator und idealer Spule (keine Verluste) ist angestoßen und schwingt. Welche der untenstehenden Aussagen sind richtig?

1) Wenn der Strom durch die Spule am größten ist, dann ist die Ladung auf dem Kondensator gleich Null.

2) Wenn die Ladung auf dem Kondensator am größten ist, wechselt der Strom durch die Spule sein Vorzeichen.

3) Wenn die obere Kondensatorplatte positiv gegenüber der unteren geladen ist, fließt durch die Spule kein Strom.

4) Wenn die obere Kondensatorplatte negativ gegenüber der unteren geladen ist, fließt durch die Spule der größtmögliche Strom.

Wählen Sie bitte die zutreffende Aussagenkombination.

A. Nur 1 ist richtig

B. Nur 2 ist richtig

C. Nur 1 und 2 sind richtig

D. Nur 1, 2 und 3 sind richtig

E. Alle Aussagen sind richtig

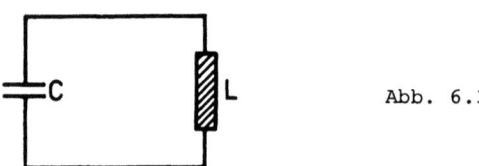

Abb. 6.3

6.1.7 Fragentyp C

Wenn man an ein elektrisches Pendel (Schwingkreis) eine Wechselspannung mit der Frequenz f anlegt, schwingt es auch mit seiner Eigenfrequenz f_0,

weil

die Eigenfrequenz des Pendels durch die Kapazität des Kondensators C und die Induktivität der Spule L bestimmt wird.

6.1.8 Fragentyp A

Ein Pendel hat eine Eigenfrequenz. Von welchen der untenstehenden Größen ist die Resonanzfrequenz eines Federpendels abhängig?

A. Masse des Federpendels
B. Amplitude der Pendelschwingung
C. Schwerefeldstärke
D. Geschwindigkeit der Pendelmasse
E. Länge der Feder

6.1.9 Fragentyp A

Die Eigenfrequenz eines Federpendels wird größer, wenn

A. die Pendelmasse vergrößert wird
B. die Amplitude der Pendelschwingungen vergrößert wird
C. die Federkonstante verkleinert wird
D. das Verhältnis Pendelmasse zur Federkonstante vergrößert wird
E. das Verhältnis Federkonstante zu Pendelmasse vergrößert wird

6.1.10   Fragentyp E

In Abb. 6.4 sind drei verschiedene harmonische Schwingungen dargestellt. Sie unterscheiden sich durch verschiedene Amplituden a_i und Frequenzen f_i. Welche der untenstehenden Vergleiche sind richtig?

A. $a_1 > a_2$; $a_2 = a_3$
B. $f_1 > f_2$; $f_2 = f_3$
C. $a_1 = a_3$; $a_2 > a_3$
D. $f_1 = f_3$; $f_2 > f_3$
E. $f_1 < f_2$; $f_2 = f_3$

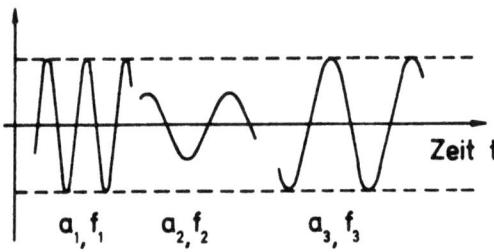

Abb. 6.4

6.1.11   Fragentyp A

Durch welche der untenstehenden mathematischen Funktionen wird eine ungedämpfte harmonische Schwingung beschrieben?

A. $a = a_0 \exp(-t/\delta)$
B. $a = a_0 \exp(-t/\delta) \sin\omega t$
C. $a = a_0 \exp(-t/\delta) \cos\omega t$
D. $a = a_0 \cos\omega t$
E. Keine Antwort ist richtig

6.1.12   Fragentyp A

Die Weg-Zeit-Funktion der ungedämpften harmonischen Schwingung lautet

A. $x(t) = x_0 \sin (2\pi\omega t)$

B. $x(t) = \sin (\frac{2\pi}{T} t)$

C. $x(t) = x_0 \sin (2\pi f t)$

D. $x(t) = T \sin (\omega t)$

E. $x(t) = x_0 \sin (\frac{2\pi}{\omega} t)$

mit T Schwingungsdauer, f Frequenz, ω Kreisfrequenz und x_0 Amplitude.

6.1.13   Fragentyp D

Die Amplitude einer ungedämpften Schwingung

1) ist proportional zur potentiellen Energie

2) ist konstant

3) ist proportional zur Schwingungsdauer

Wählen Sie bitte die zutreffende Aussagenkombination.

A. Nur 1 ist richtig

B. Nur 2 ist richtig

C. Nur 3 ist richtig

D. Nur 1 und 2 sind richtig

E. Nur 2 und 3 sind richtig

6.1.14   Fragentyp A

Bei einem Patienten werden 120 Pulsschläge je Minute gemessen. Dann ist die

A. Pulsfrequenz f = 120 Hz

B. Pulsfreqzenz f = 2 s^{-1}

C. Periodendauer T = 3 s

D. Periodendauer T = 2 s

E. Periodendauer T = 120 s

6.1.15 Fragentyp A

Weg-Zeit-Funktion und Geschwindigkeit-Zeit-Funktion einer harmonischen Schwingung haben eine Phasendifferenz von

A. $\varphi = -180°$
B. $\varphi = 0°$
C. $\varphi = 45°$
D. $\varphi = 90°$
E. $\varphi = 180°$

6.1.16 Fragentyp C

Die Frequenz der technischen Wechselspannung beträgt $f = 50$ Hz,

<u>weil</u>

die Periodendauer $T = 200$ ms ist.

6.1.17 Fragentyp A

Bei einer gedämpften harmonischen Schwingung

A. ist die Schwingungsdauer konstant
B. ist die Amplitude konstant
C. ist die mechanische Gesamtenergie konstant
D. ist die potentielle Energie gleich der kinetischen Energie
E. nimmt die Frequenz mit der Zeit ab

6.1.18 Fragentyp C

Soll ein schwingungsfähiges System eine beliebige, von der Eigenfrequenz f_0 verschiedene Schwingung ausführen, so muß es dazu von außen angeregt werden,

<u>weil</u>

ein schwingungsfähiges System nur mit einer festen Frequenz, der Eigenfrequenz, frei schwingen kann.

6.1.19   Fragentyp D

Zu den nichtharmonischen oder anharmonischen Schwingungen gehören

1) die Sinusschwingung
2) die Rechteckschwingungen
3) der zeitliche Spannungsverlauf des EKG
4) die Kosinusschwingungen
5) die Sägezahn-Schwingung (Zeitablenkspannung im Oszillograph)

Wählen Sie bitte die zutreffende Aussagenkombination.

A. Nur 1 und 4 sind richtig

B. Nur 2 und 5 sind richtig

C. Nur 2, 3 und 5 sind richtig

D. Nur 1, 2 und 4 sind richtig

E. Nur 1 ist richtig

6.1.20   Fragentyp C

Die wichtigste Schwingungsform ist die harmonische Schwingung,

weil

man jeden beliebigen periodischen Vorgang in eine Summe von harmonischen Schwingungen zerlegen kann.

6.1.21   Fragentyp D

Die Phasendifferenz φ zwischen den Auslenkungen von Erreger und schwingungsfähigem System ist

1) nahezu Null, wenn die Erregerfrequenz sehr klein gegen die Eigenfrequenz des Systems ist
2) im Resonanzfall gleich π/2
3) im Resonanzfall gleich π
4) nahezu gleich π, wenn die Erregerfrequenz sehr groß gegen die Eigenfrequenz ist

Wählen Sie bitte die zutreffende Aussagenkombination.

A. Nur 1 ist richtig
B. Nur 1 und 2 sind richtig
C. Nur 1 und 3 sind richtig
D. Nur 1, 2 und 4 sind richtig
E. Nur 3 ist richtig

6.1.22   Fragentyp A

Die Amplitude eines durch einen Erreger zu Schwingungen angeregten schwingungsfähigen Systems

A. ist von der Dämpfung des Systems unabhängig
B. ist bei konstanter Dämpfung groß, wenn die Erregerfrequenz und die Eigenfrequenz übereinstimmen
C. nimmt mit steigender Erregerfrequenz stetig zu
D. nimmt mit steigender Erregerfrequenz stetig ab
E. hängt nur von der Stärke der Erregung ab

6.1.23   Fragentyp A

Der Verlauf einer harmonischen Schwingung wird durch die Gleichung $a = a_0 \sin(bt + c)$ beschrieben. Die Größe b wird verdreifacht. Welche der untenstehenden Aussagen ist dann richtig?

A. Die Amplitude wird in jedem Zeitpunkt dreimal so groß.
B. Die Maximalwerte der Amplitude verschieben sich auf der Zeitachse um drei Schwingungsdauern (3 T).

C. Die Frequenz der Schwingung wird dreimal so groß.
D. Die Phasenlage der Schwingung wird um den Faktor 3 geändert.
E. Die Schwingungsdauer wird dreimal so groß.

6.1.24   Fragentyp A

Die "Phasendifferenz" ist

A. nur zwischen harmonischen Schwingungen, deren Frequenzverhältnis eine gerade Zahl ist, definiert
B. nur zwischen harmonischen Schwingungen gleicher Frequenz definiert
C. zwischen allen harmonischen Schwingungen definiert
D. nur zwischen harmonischen Schwingungen gleicher Amplitude definiert
E. ist das Verhältnis der Frequenzen zweier Schwingungen

6.1.25   Fragentyp C

Die mathematische Funktion, die eine bestimmte harmonische Schwingung beschreiben soll, ist durch die Angabe der Schwingungsdauer der harmonischen Schwingung vollständig bestimmt,

weil

aus der Schwingungsdauer die Frequenz der harmonischen Schwingung berechnet werden kann.

6.1.26   Fragentyp A

Bei einem Patienten zählt man in einer Minute 90 Pulsschläge. Seine Pulsfrequenz beträgt dann

A. 90 Hz
B. 1,5 Hz
C. 2/3 Hz
D. 1/90 Hz
E. 1/1,5 Hz

6.1.27 Fragentyp C

Die Periodendauer der Technischen Wechselspannung beträgt $T = \frac{1}{20}$ s,

weil

die Frequenz dieser Wechselspannung f = 50 Hz beträgt.

6.1.28 Fragentyp E

In welcher Darstellung der Abb. 6.5 ist die Amplitudenfunktion einer gedämpften harmonischen Schwingung dargestellt?

A. Nur in ①
B. Nur in ②
C. Nur in ③
D. Nur in ① und ②
E. In ①, ② und ④

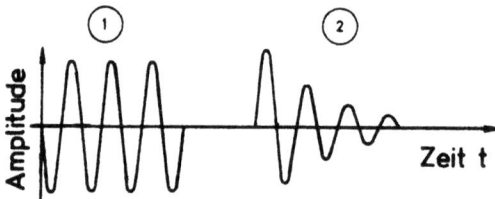

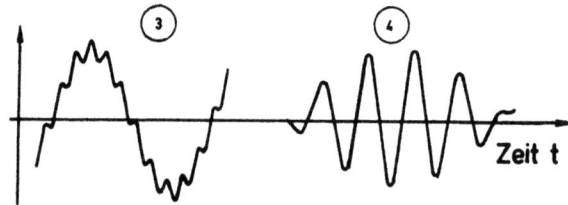

Abb. 6.5

6.1.29   Fragentyp E

In Abb. 6.6 ist die Amplitudenresonanzkurve für verschiedene Dämpfungen eines Resonators qualitativ gezeichnet, während in Abb. 6.7 die dazugehörigen Kurven der Phasendifferenz zwischen Erreger und Resonator aufgetragen sind. Welche Amplitudenkurve gehört zu welcher Phasenkurve?

A. 1 zu a; 2 zu b; 3 zu c; 4 zu d

B. 1 zu c; 2 zu d; 3 zu a; 4 zu b

C. 1 zu d; 2 zu c; 3 zu b; 4 zu a

D. 1 zu b; 2 zu a; 3 zu d; 4 zu c

E. Keine der Zuordnungen ist richtig

Abb. 6.6

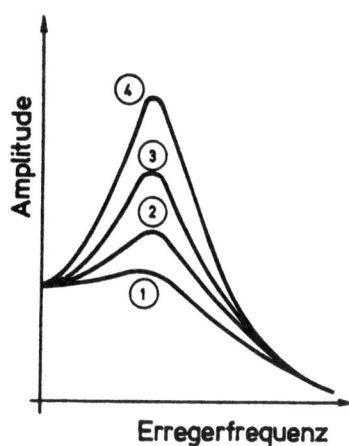

Abb. 6.7

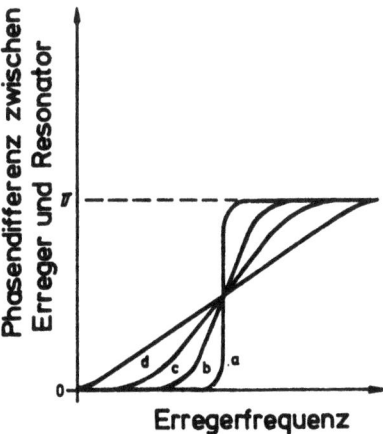

6.2 Ausbreitung von Schwingungen, Wellen

6.2.1 Fragentyp A

Ausbreitungsgeschwindigkeit c, Wellenlänge λ, Schwingungsdauer T und Frequenz f einer Welle haben die Beziehung

A. $c = \lambda/f$

B. $\lambda = c/f$

C. $f = \lambda c$

D. $\lambda = f c$

E. $c = \lambda T$

6.2.2 Fragentyp D

Stehende Wellen

1) entstehen als Überlagerung zweier gegenläufiger Wellen
2) können keine Energie transportieren
3) sind Transversalwellen, d.h. Wellen, die senkrecht zur Ausbreitungsrichtung schwingen

Wählen Sie bitte die zutreffende Aussagenkombination.

A. Nur 1 ist richtig

B. Nur 2 ist richtig

C. Nur 3 ist richtig

D. Nur 1 und 2 sind richtig

E. Nur 1 und 3 sind richtig

6.2.3 Fragentyp A

Wie nennt man eine Welle, bei der die einzelnen Teilchen senkrecht zur Fortpflanzungsrichtung der Welle schwingen?

A. Longitudinale Welle

B. Elastische Welle

C. Ebene Welle

D. Transversale Welle

6.2.4 Fragentyp C

Die Ausbreitung von Schallwellen ist mit Materietransport verbunden,

<u>weil</u>

sich Schallwellen nur in Materie ausbreiten können.

6.2.5 Fragentyp D

Welche Eigenschaften hat eine longitudinale Schallwelle?

1) Die Welle breitet sich im Körper in longitudinaler Richtung aus.
2) Die Welle transportiert in Ausbreitungsrichtung Materie.
3) Materieteilchen schwingen in der Energietransportrichtung der Welle.

Wählen Sie bitte die zutreffende Aussagenkombination.

A. Nur 1 ist richtig
B. Nur 2 ist richtig
C. Nur 3 ist richtig
D. Nur 1 und 2 sind richtig
E. Nur 1 und 3 sind richtig

6.2.6 Fragentyp A

Welche der untenstehenden Wellen bzw. Strahlen kann sich im luftleeren Raum nicht ausbreiten?

A. Lichtwellen
B. Röntgenstrahlen
C. Schallwellen
D. Wärmestrahlen
E. Elektromagnetische Wellen

6.2.7   Fragentyp C

Ein Eisenstab führt nur bestimmte Schwingungen (bestimmte Frequenzen) aus,

weil

nur solche Schwingungen auftreten können, bei denen sich auf dem Stab stehende Wellen ausbilden können.

6.3 Schallwellen

6.3.1   Fragentyp C

Ein Schallfeld kann sowohl durch die Schallschnelle als auch durch die Ausbreitungsgeschwindigkeit beschrieben werden,

weil

beide Größen die gleiche Eigenschaft eines Schallfeldes beschreiben.

6.3.2   Fragentyp C

Bei Schallwellen ist das Phon eine Einheit für das Dezibel,

weil

bei $f = 1$ kHz Phon- und Dezibelskala übereinstimmen.

6.3.3   Fragentyp C

Die Schallausbreitung in Gasen bedeutet die Ausbreitung eines Wechseldrucks,

weil

in jedem von einer Schallwelle erfaßten Raumpunkt ein periodischer Wechseldruck herrscht.

6.3.4   Fragentyp A

Ultraschall hat gegenüber dem vom menschlichen Ohr erfaßbaren Schall eine größere

A. Wellenlänge
B. Frequenz
C. Ausbreitungsgeschwindigkeit
D. Energie
E. Schwingungsdauer

6.3.5   Fragentyp A

Die obere Grenze des menschlichen Hörbereiches liegt etwa bei

A. f =   20 Hz
B. f =   200 Hz
C. f = 2.000 Hz
D. f = 20.000 Hz
E. f = 200.000 Hz

6.3.6   Fragentyp D

Unter der Pegelmaßeinheit Dezibel versteht man bei harmonischen Schwingungen

1) $10 \log \frac{P_1}{P_2}$ ($\frac{P_1}{P_2}$: Leistungsverhältnis zweier Schwingungen)

2) $10 \log \frac{A_1}{A_2}$ ($\frac{A_1}{A_2}$: Amplitudenverhältnis zweier Schwingungen)

3) $10 \log \frac{A_1^2}{A_2^2}$ ($\frac{A_1^2}{A_2^2}$: Verhältnis der Amplitudenquadrate zweier Schwingungen)

Wählen Sie bitte die zutreffende Aussagenkombination.

A. Nur 1 ist richtig
B. Nur 2 ist richtig
C. Nur 3 ist richtig
D. Nur 1 und 2 sind richtig
E. Nur 1 und 3 sind richtig

6.4 Elektromagnetische Wellen

6.4.1   Fragentyp D

Bei einer ebenen elektromagnetische Welle

1) stehen der Vektor der elektrischen Feldstärke und der magnetischen Feldstärke zu jedem Zeitpunkt senkrecht zueinander

2) steht der elektrische Vektor zu jedem Zeitpunkt senkrecht zur Ausbreitungsrichtung der Welle, während der Vektor der magnetischen Feldstärke in der Ausbreitungsrichtung liegt

3) bestehen zwischen den Wechselfeldern an verschiedenen Raumpunkten feste Phasenbeziehungen

4) schwingen abhängig von der Frequenz der Welle elektrischer Vektor und magnetischer Vektor mal in Phase und mal gegenphasig

Wählen Sie bitte die zutreffende Aussagenkombination.

A. Nur 1 ist richtig
B. Nur 1 und 2 sind richtig

C. Nur 1 und 3 sind richtig

D. Nur 1 und 4 sind richtig

E. Nur 3 und 4 sind richtig

6.4.2   Fragentyp C

Wenn eine elektromagnetische Welle von Materie absorbiert wird, führt dies zu einer Erwärmung des absorbierenden Materials,

weil

elektromagnetische Wellen Wärmewellen sind.

6.4.3   Fragentyp C

Materie wird bei Absorption elektromagnetischer Wellen erwärmt,

weil

elektromagnetische Wellen eine Energieströmung sind.

6.4.4 Fragentyp D

Die elektromagnetische Welle

1) zeigt zu einem festen Zeitpunkt längs der Ausbreitungsrichtung ein in der Ortskoordinate periodisches magnetisches Wechselfeld
2) zeigt zu einem festen Zeitpunkt längs der Ausbreitungsrichtung ein in der Ortskoordinate periodisches elektrisches Feld
3) zeigt in einem von der Welle erfaßten Raumpunkt ein zeitlich periodisches elektrisches Feld

Wählen Sie bitte die zutreffende Aussagenkombination.

A. Nur 1 ist richtig
B. Nur 2 ist richtig
C. Nur 3 ist richtig
D. Nur 1 und 2 sind richtig
E. Alle Aussagen sind richtig

6.4.5 Fragentyp A

Das Dezibel (dB) gebraucht man bei der Angabe

A. der Amplitude einer Schwingung
B. des Amplitudenverhältnisses
C. der Lautstärke einer Schallquelle
D. des Energieverhältnisses zweier Schwingungen
E. des Frequenzverhältnisses zweier Schwingungen

6.4.6 Fragentyp C

Die Ausbreitung der elektromagnetischen Welle (Lichtwelle) ist mit Materietransport verbunden,

<u>weil</u>

jeder Ladungstransport mit Materietransport verbunden ist.

6.5 Interferenz und Beugung

6.5.1 Fragentyp D

Interferenz

1) bedeutet die Ablenkung von Wellen von ihrer geraden Ausbreitungsrichtung
2) bedeutet die Überlagerung von Wellen
3) von Wellen kann sowohl eine Verstärkung als auch eine Abschwächung der Schwingung in einem Raumpunkt bewirken
4) führt bei kohärenten Strahlenbündeln zu zeitstabilen Interferenzfiguren

Wählen Sie bitte die zutreffende Aussagenkombination.

A. Nur 1 ist richtig
B. Nur 2 ist richtig
C. Nur 3 ist richtig
D. Nur 4 ist richtig
E. Nur 2, 3 und 4 sind richtig

6.5.2 Fragentyp C

Wellen, die von zwei verschiedenen Lichtquellen ausgehen, sind inkohärent,

weil

sich die gegenseitige Phasenbeziehung dieser Wellen völlig unregelmäßig ändert.

6.5.3   Fragentyp D

Kohärenz

1) bedeutet feste Phasendifferenz zweier Wellen an einem bestimmten Ort
2) ist die Voraussetzung für stabile Interferenzfiguren
3) bedeutet gleiche Amplitude zweier Wellen am gleichen Ort

Wählen Sie bitte die zutreffende Aussagenkombination.

A. Nur 1 ist richtig
B. Nur 2 ist richtig
C. Nur 3 ist richtig
D. Nur 1 und 2 sind richtig
E. Nur 2 und 3 sind richtig

6.5.4   Fragentyp A

Schwingungen, die von zwei verschiedenen Quellen herrühren, können sich in einem Raumpunkt auslöschen. Unter welcher Bedingung ist dieser Vorgang möglich?

A. Beide Schwingungen müssen eine Phasendifferenz von 2π haben, während die Amplituden gleich groß sein müssen.
B. Beide Schwingungen müssen eine Phasendifferenz von π und gleiche Amplitude haben.
C. Bei der einen Schwingung muß die Phase gegenüber der anderen um $\frac{\pi}{2}$ voreilen, wenn ihre Amplitude doppelt so groß ist.
D. Bei der einen Schwingung muß die Phase gegenüber der anderen um $\frac{\pi}{2}$ nacheilen, wenn ihre Amplitude halb so groß ist.
E. Beide Schwingungen müssen eine Phasendifferenz Null haben.

6.5.5   Fragentyp E

In Abb. 6.8 ist ein Ausschnitt aus einem Gitter mit der Gitterkonstanten g = 20 μm gezeichnet. Auf das Gitter fällt ein paralleles und kohärentes Lichtbündel senkrecht ein. Das Licht ist monochromatisch und hat eine

Wellenlänge von 0,5 μm. Unter welchen der angegebenen Winkel α tritt kein Helligkeitsmaximum auf?

A. α = π/6
B. α = 0,025
C. α = 0,125
D. α = 0,08
E. α = 0,1

Abb. 6.8

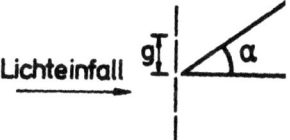

6.5.6   Fragentyp (

Blaues Licht wird an einem Gitter stärker gebeugt als rotes Licht,

weil

blaues Licht eine größere Wellenlänge als rotes Licht hat.

6.5.7   Fragentyp A

Unter welchem Winkel in Aufgabe 6.5.5 (Abb. 6.8) tritt die 40. Beugungsordnung auf?

A. 90°
B. 60°
C. 45°
D. 30°
E. 15°

7. Optik

7.1 Licht als Energieströmung, Photometrie

7.1.1 Fragentyp A

Die Ausbreitungsgeschwindigkeit des Lichts beträgt ziemlich genau $3 \cdot 10^8$ m/s

A. in durchsichtigen Gläsern
B. im Wasser
C. im Vakuum
D. in allen durchsichtigen Materialien
E. in allen durchsichtigen Materialien und im Vakuum

7.1.2 Fragentyp C

Das sichtbare Licht ist eine elektromagnetische transversale Welle,

weil

es sich brechen läßt.

7.1.3 Fragentyp A

Monochromatisches Licht

A. besteht aus Licht eines Farbbereiches, z.B. grünes Licht oder rotes Licht einer Verkehrsampel
B. senden glühende feste Körper aus
C. ist Licht, das leuchtende Gase aussenden
D. ist Licht einer festen Frequenz
E. ist weißes Licht

7.1.4   Fragentyp A

Welche der untenstehenden Strahlen sind keine elektromagnetische Wellen?

A. Röntgenstrahlen
B. γ-Strahlen
C. Wärmestrahlen
D. Sichtbare Lichtstrahlen
E. α-Strahlen

7.1.5   Fragentyp A

Welche Aussagen zum Begriff "monochromatisches Licht" sind richtig?

A. Rotes Licht ist immer monochromatisch.
B. Sonnenlicht ist monochromatisch.
C. Monochromatisches Licht ist monofrequentes Licht.
D. Ultraviolettes Licht ist immer monochromatisch.
E. Monochromatisches Licht ist weißes Licht.

7.1.6   Fragentyp A

Gegeben ist eine punktförmige Strahlungsquelle. Im Abstand r von der Quelle ist die Strahlungsflußdichte J. Verdoppelt man diesen Abstand, dann

A. bleibt die Strahlungsflußdichte genau so groß wie vorher
B. wird die Strahlungsflußdichte halbiert
C. fällt die Strahlungsflußdichte auf ein Viertel ab
D. fällt die Strahlungsflußdichte auf ein Achtel ab
E. fällt die Strahlungsflußdichte auf ein Sechzehntel ab

7.1.7 Fragentyp A

Das Lambertsche Gesetz der Lichtabsorption lautet:

A. $I = I_0 \exp(kt)$

B. $I = I_0 (1-\exp(-kt))$

C. $I = I_0 \exp(-kx)$

D. $I = I_0 (1-\exp(-kx))$

E. $I = I_0 \exp(kx)$

7.1.8 Fragentyp A

In Wasser ist eine lichtabsorbierende Substanz gelöst. Welcher Zusammenhang besteht zwischen Eindringtiefe a des Lichts und Extinktionskonstante k der absorbierenden Substanz?

A. a proportional $1/k$

B. a proportional k

C. a proportional $\exp(-kc)$

D. a proportional $1/\exp(kc)$

E. a proportional $k\,c$

(c Stoffmengenkonzentration)

7.1.9 Fragentyp A

Das Lambertsche Gesetz der Lichtabsorption lautet $I = I_0 \exp(-kx)$ (I = Strahlungsflußdichte, x = Schichtdicke). Welche Namen hat die Größe k?

A. Extinktionskoeffizient

B. Extinktionskonstante

C. Extinktion

D. Eindringtiefe

E. Konzentration

7.1.10   Fragentyp C

Das Absorptionsgesetz jeglicher Strahlung gilt nur für monochromatische Strahlung,

<u>weil</u>

in polychromatischer Strahlung im allgemeinen die spektrale Intensität nicht konstant ist.

7.1.11   Fragentyp E

In Abb. 7.1 ist der Strahlungsfluß monochromatischen Lichts durch Materie halblogarithmisch als Funktion der Materiedicke aufgetragen. Welche der eingezeichneten Dickenmarkierung repräsentiert die Eindringtiefe des Lichts?

A. 1

B. 2

C. 3

D. 4

E. Keine Dickenmarkierung ist richtig.

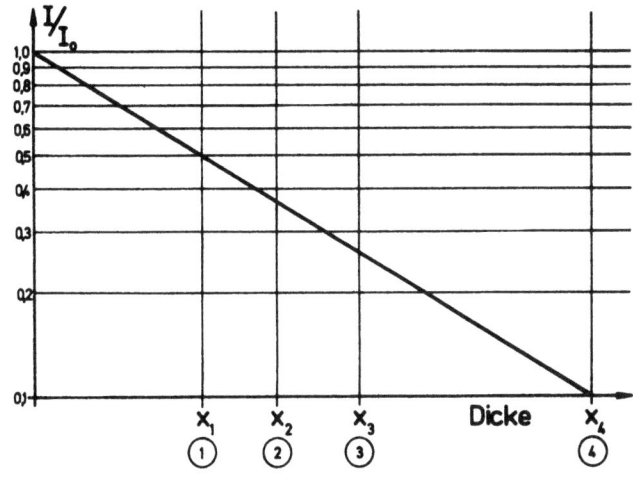

Abb. 7.1

7.1.12 Fragentyp D

Jede Quantenstrahlung wird durch Absorption geschwächt. Der Strahlungsfluß I

1) nimmt dabei proportional zur Dicke x der durchstrahlten Materie ab
2) hängt nach Durchgang durch eine Materieschicht von dem Ausgangsstrahlungsfluß I_0 ab
3) ist umgekehrt proportional der Schichtdicke x
4) nimmt exponentiell mit der Schichtdicke x ab

Wählen Sie bitte die zutreffende Aussagenkombination.

A. Nur 1 ist richtig
B. Nur 2 ist richtig
C. Nur 3 ist richtig
D. Nur 4 ist richtig
E. Nur 2 und 4 sind richtig

7.1.13 Fragentyp D

Die Extinktion des Lichts in Lösungen ist im Idealfall

1) proportional der durchstrahlten Schichtdicke
2) proportional der Konzentration der Lösung
3) unabhängig vom gelösten Stoff
4) umgekehrt proportional der Konzentration der Lösung

Wählen Sie bitte die zutreffende Aussagenkombination.

A. Nur 1 ist richtig
B. Nur 3 ist richtig
C. Nur 1 und 2 sind richtig
D. Nur 1 und 3 sind richtig
E. Nur 1 und 4 sind richtig

7.2 Geometrische Optik

7.2.1 Fragentyp D

Welche Aussagen zum Reflexionsgesetz sind richtig?

1) Das Einfallslot liegt in der Ebene des einfallenden und reflektierten Strahls.
2) Einfalls- und Reflexionswinkel sind gleich.
3) Einfallender und reflektierter Strahl stehen senkrecht aufeinander.

Wählen Sie bitte die zutreffende Aussagenkombination.

A. Nur 1 ist richtig
B. Nur 2 ist richtig
C. Nur 3 ist richtig
D. Nur 1 und 2 sind richtig
E. Nur 1 und 3 sind richtig

7.2.2 Fragentyp D

Das Bild eines ebenen Planspiegels

1) ist virtuell
2) ist reell
3) hat die Seitenvergrößerung $\beta = 1$
4) hat die gleiche Entfernung vom Spiegel wie der Gegenstand

Wählen Sie bitte die zutreffende Aussagenkombination.

A. Nur 1 und 3 sind richtig
B. Nur 1 und 4 sind richtig
C. Nur 2 und 3 sind richtig
D. Nur 2 und 4 sind richtig
E. Nur 1, 3 und 4 sind richtig

7.2.3   Fragentyp C

Die Brechzahl aller Stoffe ist kleiner als eins,

weil

die Lichtausbreitungsgeschwindigkeit im Vakuum am größten ist.

7.2.4   Fragentyp A

Optisch dichtere Stoffe

A. absorbieren das Licht stärker
B. lassen weniger Licht durch
C. haben eine größere Brechzahl
D. haben eine größere Lichtausbreitungsgeschwindigkeit
E. haben eine größere Brechkraft
   als optisch dünnere Stoffe

7.2.5   Fragentyp E

An der Grenzfläche zweier durchsichtiger Medien wird ein Lichtstrahl gebrochen (Abb. 7.2). Das Medium I habe die Brechzahl n_1, das Medium II die Brechzahl n_2. Das Brechungsgesetz lautet:

A. $\dfrac{\sin \alpha_1}{\sin \beta_1} = \dfrac{n_1}{n_2}$

B. $\dfrac{\sin \alpha_2}{\sin \beta_2} = \dfrac{n_1}{n_2}$

C. $\dfrac{\sin \alpha_1}{\sin \beta_1} = \dfrac{n_2}{n_1}$

D. $\dfrac{\sin \alpha_2}{\sin \beta_2} = \dfrac{n_2}{n_1}$

E. $\dfrac{\sin \alpha_1}{\sin \alpha_2} = \dfrac{n_1 \sin \beta_1}{n_2 \sin \beta_2}$

Abb. 7.2

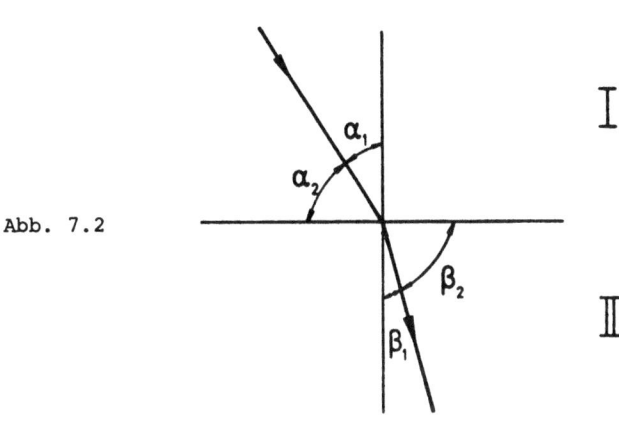

7.2.6   Fragentyp D

Die Brechzahl eines Stoffes

1) wird in der Einheit Dioptrie angegeben
2) ist Vakuumwellenlänge durch Stoffwellenlänge des Lichts
3) ist die auf die Vakuumgeschwindigkeit bezogene Lichtgeschwindigkeit des Stoffes

Wählen Sie bitte die zutreffende Aussagenkombination.

A. Nur 1 ist richtig

B. Nur 2 ist richtig

C. Nur 3 ist richtig

D. Nur 1 und 2 sind richtig

E. Nur 1 und 3 sind richtig

7.2.7 Fragentyp A

Totalflexion

A. ist die vollständige Reflexion aller möglichen Lichtstrahlen, die auf eine reflektierende Fläche fallen
B. kann nur auftreten, wenn der Lichtstrahl vom optisch dichteren auf das optisch dünnere Medium trifft
C. kann nur auftreten, wenn der Lichtstrahl vom optisch dünneren auf das optisch dichtere Medium trifft
D. tritt immer auf, wenn ein bestimmter Einfallswinkel überschritten wird
E. kommt nur in Glasfasern vor

7.2.8 Fragentyp E

Ein schmales Lichtbündel fällt unter dem Einfallswinkel von 60° auf ein 90°-Prisma aus <u>Glas</u> (Abb. 7.3). Die Brechzahl des Prisma beträgt n = $\sqrt{3/2}$ ≈ 1,23.

α	sin α	cos α	tan α	cot α
30°	1/2	$\sqrt{3}/2$	$\sqrt{3}/3$	$\sqrt{3}$
45°	$1/\sqrt{2}$	$1/\sqrt{2}$	1	1
60°	$\sqrt{3}/2$	1/2	$\sqrt{3}$	$\sqrt{3}/3$

Unter welchem Winkel α wird das Lichtbündel im Prisma durch Brechung abgeknickt (α Winkel zwischen einfallendem Lichtstrahl und Lichtstrahl im Prisma)?

A. 15°
B. 30°
C. 45°
D. 60°
E. 75°

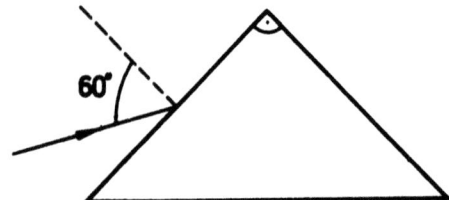

Abb. 7.3

7.2.9   Fragentyp C

Die Lichtgeschwindigkeiten in zwei Medien mit den Brechzahlen n_1 und n_2 verhalten sich wie die Brechzahlen,

<u>weil</u>

sich die Wellenlängen des Lichts in den beiden Medien wie die Brechzahlen verhalten.

7.2.10   Fragentyp E

Ein Lichtstrahl treffe unter dem Einfallswinkel α auf eine planparallele Glasplatte (Brechzahl n), die von Luft umgeben ist (Abb. 7.4). Welchen Verlauf kann der Strahl nach Austritt aus der Platte annehmen?

A. Gerade ①
B. Gerade ②
C. Gerade ③
D. Gerade ④
E. Je nach Größe der Brechzahl können alle vier Fälle eintreten.

Abb. 7.4

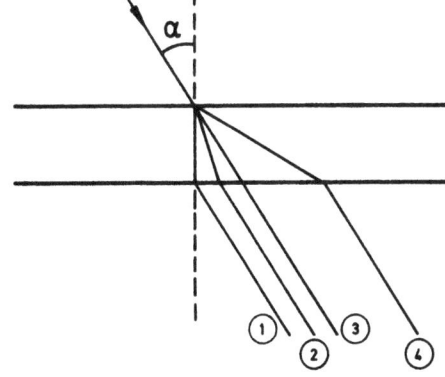

7.2.11   Fragentyp E

Wie groß ist der Ablenkwinkel δ in Abb. 7.3 (δ Winkel zwischen einfallendem und aus dem Prisma austretenden Strahl)?

A. 15°
B. 30°
C. 45°
D. 60°
E. 75°

7.2.12   Fragentyp A

Ein runder Glasstab mit konstantem Durchmesser hat die Brechzahl $n = \sqrt{2}$. Wie groß kann der Winkel β zwischen Lichtstrahl und Achse des Stabes maximal werden, wenn der Strahl nicht aus dem Glasstab austreten soll?

A. β = 15°
B. β = 30°
C. β = 45°
D. β = 60°
E. β = 75°

7.2.13   Fragentyp A

Eine Prisma zeige eine normale Dispersion, d.h. die Brechzahl für langwelliges Licht ist kleiner als für kurwelliges. Wie ändert sich der Ablenkwinkel δ (δ Winkel zwischen einfallendem und aus dem Prisma austretenden Lichtstrahl), wenn man statt eines roten monochromatischen Lichtstrahls einen monochromatisch blauen verwendet? Bei einem blauen Lichtstrahl ist der Ablenkwinkel δ

A. mal größer, mal kleiner als bei einem roten. Welcher Fall eintritt, hängt vom Einfallswinkel $α_1$ ab
B. größer als bei einem roten
C. genau so groß wie bei einem roten; roter Strahl und blauer Strahl sind nur parallel versetzt
D. kleiner als bei einem roten
E. mal größer, mal kleiner als bei einem roten. Welcher Fall eintritt, hängt von der Brechzahl des Prisma ab

7.2.14 Fragentyp A

Bei der Abbildung durch eine Sammellinse ist die Gegenstandweite größer als die Bildweite. Dann ist das Bild

A. reell vergrößert
B. reell verkleinert
C. reell und ebenso groß wie der Gegenstand
D. virtuell vergrößert
E. virtuell verkleinert

7.2.15 Fragentyp C

Die Brennweite eines Systems aus zwei Sammellinsen ist kleiner als die kleinste Brennweite der Einzellinsen,

weil

die Gesamtbrechkraft gleich der Summe der Einzelbrechkräfte ist.

7.2.16 Fragentyp A

Ein Glasprisma zerlegt weißes Licht in seine Spektralfarben. Diese Zerlegung

A. ist eine Beugungserscheinung
B. ist eine Folge der unterschiedlichen Brechzahlen für einzelne Lichtwellenlängen
C. ist zu erklären durch die Totalreflexion an der Prismabasis
D. kann man damit erklären, daß das Glas die einzelnen Farben des Lichts verschieden stark absorbiert
E. ist eine Folge der wellenlängenabhängigen Brechkraft des Prismas

7.2.17   Fragentyp A

Ein Gegenstand wird von einer Sammellinse abgebildet.
Bei der Abbildung ist die Gegenstandsweite a kleiner als
die Brennweite f. Dann ist das Bild

A. reell und kleiner als der Gegenstand
B. reell und größer als der Gegenstand
C. reell und gleich groß wie der Gegenstand
D. virtuell und verkleinert
E. virtuell und vergrößert

7.2.18   Fragentyp C

Das Bild eines Dias, d.h. das vergrößerte Bild des
Projektionsapparates, ist ein reelles Bild,

weil

alle Bilder einer Sammellinse reell sind.

7.2.19   Fragentyp C

Parallele Strahlen, die schräg auf eine Sammellinse
fallen, werden in einem Punkt der Brennebene gesammelt,

weil

das Bild der Brennebene im Unendlichen liegt.

7.2.20   Fragentyp A

Den Astigmatismus des Auges kann man korrigieren mit

A. sphärischen Linsen
B. Sammellinsen
C. Zylinderlinsen
D. Zerstreuungslinsen
E. bikonvexen Linsen

7.2.21   Fragentyp A

Die Brechkraft (Brechwert) einer Linse ist

A. das Verhältnis der Lichtgeschwindigkeit von Vakuum und Stoff
B. identisch mit der Zerreißkraft der Linse
C. Brechzahl des Linsenmaterials durch Brennweite
D. das Verhältnis von Gegenstandsweite und Bildweite
E. Brechzahl des umgebenden Mediums durch Brennweite

7.2.22   Fragentyp D

Kardinalelemente einer Linse sind

1) Gegenstandsweite und Bildweite
2) Brennweiten
3) Hauptebenen
4) Knotenpunkte

Wählen Sie bitte die zutreffende Aussagenkombination.

A. Nur 1 ist richtig
B. Nur 2 ist richtig
C. Nur 3 ist richtig
D. Nur 1 und 2 sind richtig
E. Nur 3 und 4 sind richtig

7.2.23   Fragentyp A

Ein Brillenglas der Brechkraft (Brechwert) $\varphi = 5$ Dioptrien hat in Luft die Brennweite

A. 5 cm
B. 1/5 cm
C. 2 cm
D. 20 cm
E. 2 m

7.2.24 Fragentyp E

Ein paralleles Bündel fällt schräg auf eine Sammellinse (Abb. 7.5). In welchem Punkt vereinigt die Linse das Bündel?

A. ①
B. ②
C. ③
D. ④
E. Jeder der vier Fälle kann zutreffen.

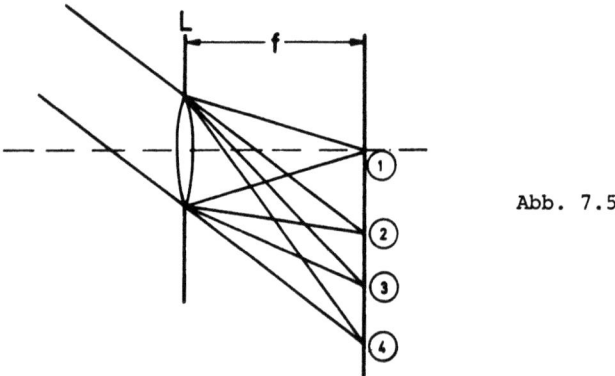

Abb. 7.5

7.2.25 Fragentyp A

Die bildseitige Hauptebene einer Linse ist wie folgt definiert:

A. Sie ist die Ebene, auf der die Schnittpunkte achsenparallel einfallender Strahlen mit den Verlängerungen der dazugehörigen austretenden Strahlen liegen.

B. Sie ist die Ebene, auf der die Schnittpunkte aus dem gegenstandsseitigen Brennpunkt herkommender Strahlen mit den Verlängerungen der dazugehörigen austretenden Strahlen liegen.

C. Sie ist die Ebene, auf der die Schnittpunkte achsenparallel einfallender Strahlen mit den dazugehörigen Strahlen in der Linse liegen.

D. Sie ist die Ebene, auf der die Schnittpunkte aus dem gegenstandsseitigen Brennpunkt herkommender Strahlen mit den dazugehörigen Strahlen in der Linse liegen.
E. Keine der Definitionen ist richtig.

7.2.26   Fragentyp E

Das Modell eines "kurzsichtigen Auges" besteht aus einer Sammellinse der Brennweite f = 19 mm. Der Abstand Linse-Mattscheibe betrage a' = 20 mm (Abb. 7.6).

1) Man kann die Fehlsichtigkeit durch eine Sammellinse korrigieren.
2) Man kann die Fehlsichtigkeit durch eine Zerstreuungslinse korrigieren.
3) Die Gesamtbrechkraft Auge + Zusatzlinse beträgt φ = 5 Dioptrien.
4) Die Brennweite des Systems (Auge + Zusatzlinse) beträgt f = 20 mm.

Wählen Sie bitte die zutreffende Aussagenkombination.

A. Nur 1 und 3 sind richtig
B. Nur 1 und 4 sind richtig
C. Nur 2 und 3 sind richtig
D. Nur 2 und 4 sind richtig
E. Nur 2, 3 und 4 sind richtig

Abb. 7.6

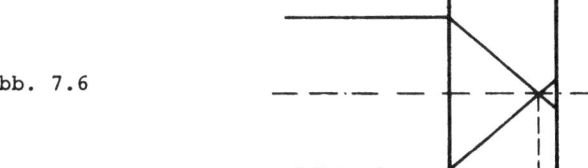

7.2.27   Fragentyp C

Die vordere und die hintere Brennweite eines Auges sind verschieden,

weil

die hintere Brennweite des Auges durch Veränderungen der Brechkraft (Brechwert) der Augenlinse verändert wird.

7.2.28   Fragentyp A

Vor einer dünnen Sammellinse mit der Brennweite f = 4 cm befindet sich 5 cm vom Brennpunkt entfernt ein Gegenstand. In welchem Abstand von der Hauptebene befindet sich das Bild?

A. 9,00 cm

B. 20,00 cm

C. 7,20 cm

D. 10,00 cm

E. 5,00 cm

7.2.29   Fragentyp E

Welche Bildkonstruktion des Bildpunktes P' aus dem Gegenstandspunkt P in Abb. 7.7 ist richtig?

A. Nur ①

B. Nur ②

C. Nur ③

D. Nur ④

E. Nur ① und ④

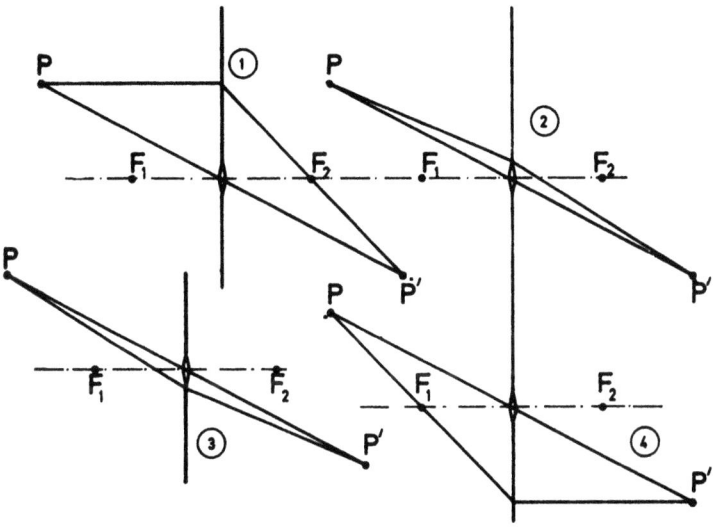

Abb. 7.7

7.2.30   Fragentyp E

Welche Bildkonstruktion des Bildpunktes P' aus dem
Gegenstandspunkt P in Abb. 7.8 ist richtig?

A. Nur ①
B. Nur ②
C. Nur ③
D. Nur ④
E. Nur ②, ③ und ④

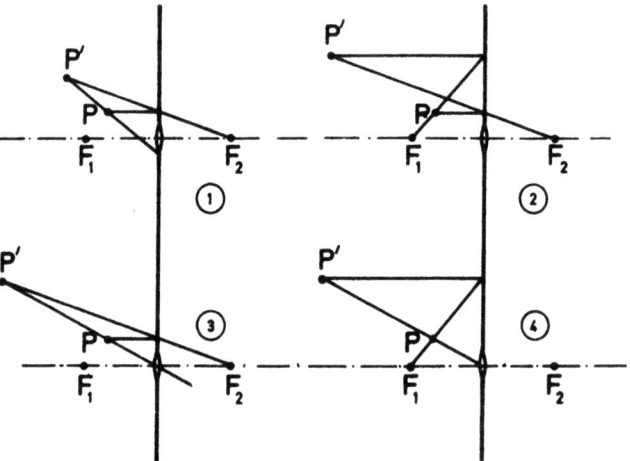

Abb. 7.8

7.2.31   Fragentyp E

Ein Parallelbündel fällt auf eine Kugel mit einer
Brechzahl n_2, die größer ist als die Brechzahl n_1 des
umgebenden Mediums (Abb. 7.9). In welchem Punkt kann
das Bündel vereinigt werden?

A. ①
B. ②
C. ③
D. Alle diese drei Punkte sind falsch, denn nur eine
   gekrümmte Fläche führt zu keiner Abbildung.
E. Alle drei Punkte können zutreffen.

Abb. 7.9

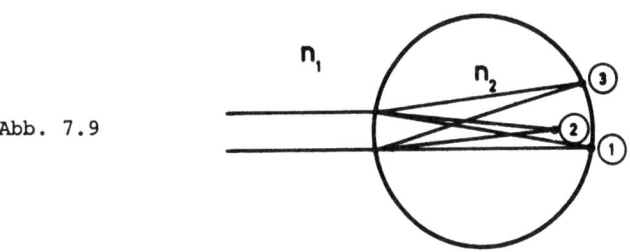

7.2.32   Fragentyp C

Das Bild im Mikroskop ist umgekehrt und seitenvertauscht,

<u>weil</u>

alle virtuellen Bilder umgekehrt und seitenvertauscht sind.

7.2.33   Fragentyp A

Die Vergrößerung eines Lichtmikroskops liegt in der Größenordnung

A. bis 15fach
B. bis 1000fach
C. bis 5000fach
D. bis 10 000fach
E. bis 50 000fach

7.2.34   Fragentyp C

Der Gegenstand wird durch eine Lupe scheinbar näher an das Auge gebracht,

<u>weil</u>

es die Aufgabe der Lupe ist, den Sehwinkel, unter dem ein Gegenstand dem Auge erscheint, zu vergrößern.

7.2.35 Fragentyp D

Die beiden Linsen (Linsensysteme) des Mikroskops (Objektiv und Okular) haben die Aufgabe:

1) Das Objektiv bildet den Gegenstand reell vergrößert ab.
2) Das Objektiv bildet den Gegenstand virtuell vergrößert ab.
3) Das Okular wirkt auf das Zwischenbild als Lupe.
4) Das Okular bildet das Zwischenbild reel vergrößert ab.

Wählen Sie bitte die zutreffende Aussagenkombination.

A. Nur 1 und 3 sind richtig
B. Nur 1 und 4 sind richtig
C. Nur 2 und 3 sind richtig
D. Nur 2 und 4 sind richtig
E. Jede dieser Kombinationen kann je nach Bauart des Mikroskops richtig sein.

7.2.36 Fragentyp A

Die Kardinalelemente einer Linse dienen

A. zur Bildkonstruktion
B. zum Lichtdurchgang
C. zur Berechnung der Brechzahl des Linsenmaterials
D. zur Berechnung der Krümmungsradien der Linsenflächen
E. zur Berechnung der Brechkraft der Linse

7.2.37 Fragentyp E

Der Farbfehler (chromatische Aberration) der Linse in Abb. 7.10 wird gekennzeichnet durch die Strecke

A. $\overline{AB}$
B. $\overline{AC}$
C. $\overline{AD}$
D. $\overline{BC}$
E. $\overline{CD}$

7.2.38   Fragentyp E

Die sphärische Aberration der Linse in Abb. 7.10 wird
gekennzeichnet durch die Strecken

1) $\overline{AB}$
2) $\overline{AC}$
3) $\overline{BD}$
4) $\overline{CD}$

Wählen Sie bitte die zutreffende Aussagenkombination.

A. Nur 1 ist richtig

B. Nur 2 ist richtig

C. Nur 3 ist richtig

D. Nur 4 ist richtig

E. Nur 1 und 4 sind richtig

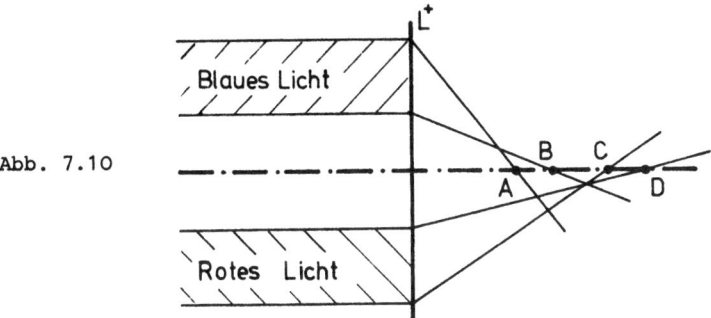

Abb. 7.10

7.2.39   Fragentyp C

Aus dem Brechungsgesetz $\dfrac{\sin \alpha_1}{\sin \beta_1} = \dfrac{n_2}{n_1}$ (s. Abb. 7.2) folgt,
daß für alle α_1 mit $\alpha_1 < 90°$ eine Totalreflexion auftreten muß,

weil

nur beim Übergang vom optisch dichteren in das optisch
dünnere Medium eine Totalreflexion des Lichts auftreten
kann.

7.2.40 Fragentyp A

Bei einem Patienten wird der Nahpunkt des Auges mit d_N = 10 cm und der Fernpunkt mit d_F = 4 m gemessen. Die Akkomodationsbreite dieses Auges beträgt demnach

A. 3,9 m
B. 0,26 dpt
C. 4 m
D. 9,75 dpt
E. 0,15 dpt

7.3 Optische Spektren

7.3.1 Fragentyp D

Das sichtbare Licht ist nur ein kleiner Bereich des Spektrums der elektromagnetischen Wellen. Biologisch wichtige Teile des Spektrums sind außerdem zu

1) kleineren Frquenzen das ultraviolette Licht
2) kleineren Wellenlängen das Röntgenlicht
3) größeren Frequenzen die Wärmestrahlung
4) extrem hohe Frequenzen die γ-Strahlung

Wählen Sie bitte die zutreffende Aussagenkombination.

A. Nur 1 ist richtig
B. Nur 2 ist richtig
C. Nur 3 ist richtig
D. Nur 4 ist richtig
E. Nur 2 und 4 sind richtig

7.3.2 Fragentyp D

Atome können angeregt werden durch

1) thermische Stöße
2) Zufuhr von Wärmeenergie
3) Bestrahlung durch Elektronen
4) Abstrahlung von Photonen

Wählen Sie bitte die zutreffende Aussagenkombination.

A. Nur 1 ist richtig
B. Nur 2 ist richtig
C. Nur 3 ist richtig
D. Nur 4 ist richtig
E. Nur 1, 2 und 3 sind richtig

7.3.3　　　　　　　　　　　　　　　　　　　　Fragentyp D

Die Energie eines Lichtquants (Photons) ist

1) proportional der Wellenlänge des Lichts
2) umgekehrt proportional der Wellenlänge des Lichts
3) umgekehrt proportional der Frequenzen des Lichts

Wählen Sie bitte die zutreffende Aussagenkombination.

A. Nur 1 ist richtig
B. Nur 2 ist richtig
C. Nur 3 ist richtig
D. Nur 1 und 3 sind richtig
E. Nur 2 und 3 sind richtig

7.3.4　　　　　　　　　　　　　　　　　　　　Fragentyp C

Bei der Emission von Photonen werden Atome bzw. Moleküle abgeregt,

weil

dabei das Atom bzw. das Molekül in einen Zustand niedrigerer Energie übergeht.

7.3.5 Fragentyp D

Linienspektren

1) werden von glühenden festen Körpern ausgesendet
2) werden von glühenden Gasen ausgesendet
3) zeigen für den Stoff charakteristische Linien (Wellenlängen)

Wählen Sie bitte die zutreffende Aussagenkombination.

A. Nur 1 ist richtig
B. Nur 2 ist richtig
C. Nur 3 ist richtig
D. Nur 1 und 3 sind richtig
E. Nur 2 und 3 sind richtig

7.3.6 Fragentyp C

Das von glühenden Gasen emittierte Linienspektrum hängt mit dem Niveauschema der Gas-Atome zusammen,

weil

das Niveauschema eines Atoms alle möglichen Energiezustände eines Atoms angibt.

7.4 Wellenoptik

7.4.1 Fragentyp D

Polarisiertes Licht kann man herstellen

1) durch Reflexion des Lichts an einer Glasplatte
2) mit einem Nicolschen Prisma
3) durch ein Beugungsgitter

Wählen Sie bitte die zutreffende Aussagenkombination.

A. Nur 1 ist richtig
B. Nur 2 ist richtig
C. Nur 3 ist richtig
D. Nur 1 und 2 sind richtig
E. Nur 2 und 3 sind richtig

7.4.2 Fragentyp C

Das sichtbare Licht läßt sich polarisieren,

__weil__

jede transversale Welle polarisiert werden kann.

7.4.3 Fragentyp A

Polarisiert werden können immer

A. longitudinale Wellen
B. ebene Wellen
C. Kugelwellen
D. transversale Wellen
E. stehende Wellen

7.4.4 Fragentyp A

Optisch aktive Stoffe

A. sind selbstleuchtende Stoffe
B. drehen die Polarisationsebene des linear polarisierten Lichts
C. reflektieren das Licht total
D. machen aus polarisiertem Licht natürliches Licht
E. machen aus natürlichem Licht polarisiertes Licht

8. Ionisierende Strahlung

8.1 Radioaktivität

8.1.1   Fragentyp C

Ein radioaktives (instabiles) Nuklid sendet seine
Strahlen im Bereich der Radiofrequenzen aus,

weil

radioaktive Nuklide unter Aussendung von radioaktiven
Strahlen zerfallen.

8.1.2   Fragentyp A

Bitte kreuzen Sie die richtige Erklärung für den Begriff
"γ-Strahlen" an.

γ-Strahlen sind

A. identisch mit Elektronenstrahlen
B. hochfrequente elektromagnetische Wellen
C. Strahlen aus Heliumkernen
D. Elektronenstrahlen mit positiver Ladung
E. elektromagnetische Wellen großer Wellenlänge

8.1.3   Fragentyp D

Unter künstlicher Radioaktivität versteht man folgenden
Prozeß: Ein stabiler Kern wird

1) durch Aufnahme eines Protons
2) durch Aufnahme eines Deuterons
3) durch Aufnahme eines Neutrons
4) durch Abgabe eines Protons

5) durch Abgabe eines Neutrons

in einen instabilen Kern umgewandelt.

Wählen Sie bitte die zutreffende Aussagenkombination.

A. Nur 3 und 4 sind richtig
B. Nur 4 und 5 sind richtig
C. Nur 1, 2 und 3 sind richtig
D. Nur 2, 3 und 4 sind richtig
E. Nur 1, 2 und 5 sind richtig

8.1.4 Fragentyp C

Beim natürlichen radioaktiven Zerfall kann die relative Atommasse des Tochterkerns größer oder kleiner als die des Ursprungkerns werden,

weil

je nach Art der Strahlung (α- bzw. β-Strahlung) die Ordnungszahl erhöht oder erniedrigt wird.

8.1.5 Fragentyp A

Bei einem radioaktiven Stoff entstehen α-Teilchen. Diese Teilchen sind

A. einfach positive Heliumionen
B. zweifach positive Heliumionen
C. Heliumatome
D. Deuteronen
E. elektromagnetische Wellen

8.1.6 Fragentyp C

Ein radioaktiver Stoff mit der Halbwertszeit $T_{1/2}$ = 2 min ist nach 4 min zerfallen,

weil

die Halbwertszeit die Zeit angibt, in der die Hälfte aller Kerne zerfallen ist.

8.1.7 Fragentyp A

β-Strahlen sind

A. in magnetischen Feldern nicht ablenkbar
B. Heliumkerne
C. Elektronen hoher Energie
D. Elektronen, die aus der Atomhülle emittiert werden
E. Protonen hoher Energie

8.1.8 Fragentyp E

In Abb. 8.1 ist der radioaktive Zerfall eines Stoffes mit logarithmisch geteilter Ordinate dargestellt. Die Halbwertszeit beträgt

A. 4 min
B. 8 min
C. 9 min
D. 12 min
E. 16 min

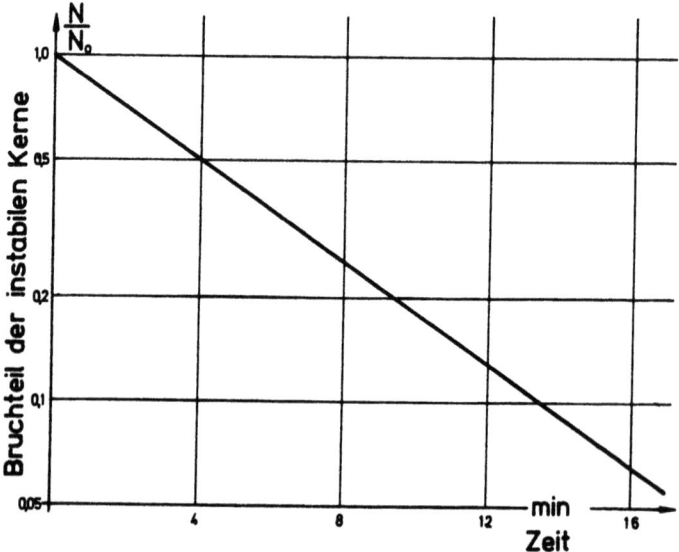

Abb. 8.1

8.1.9
8.1.10   Fragentyp B

Die in Liste 1 aufgeführten radioaktiven Stoffe zerfallen in ihre Tochtersubstanzen. Dabei wird die Kernladung um die in Liste 2 aufgeführten Beträge verändert.

    Liste 1   Liste 2

8.1.9 Radioaktiver α-Strahler   A. −2e

8.1.10 Radioaktiver β-Strahler   B. −e

                                         C. 0

                                         D. +e

                                         E. + 2e

8.1.11
8.1.12   Fragentyp B

Die in Liste 1 aufgeführten radioaktiven Stoffe zerfallen in ihre Tochtersubstanzen. Dabei wird die relative Atommasse um die in Liste 2 aufgeführten Beträge verändert.

    Liste 1   Liste 2

8.1.11 Radioaktiver α-Strahler   A. −4

8.1.12 Radioaktiver β-Strahler   B. −2

                                         C. 0

                                         D. +2

                                         E. +4

8.1.13
8.1.14
8.1.15   Fragentyp B

Die in Liste 1 aufgeführten Größen haben die in Liste 2 aufgeführten Einheiten.

       Liste 1   Liste 2

8.1.13 Aktivität   A. s

8.1.14 Halbwertszeit   B. s^{-1}

8.1.15 Mittlere Lebensdauer C. As

                                      D. Ns

                                      E. VA

8.1.16   Fragentyp A

Zwischen Aktivität (A), Halbwertszeit ($T_{1/2}$) und mittlerer Lebensdauer (τ) besteht die Beziehung

A. $T_{1/2} = \tau \cdot \ln 2$

B. $\tau = \ln T_{1/2}$

C. $A \tau = \ln T_{1/2}$

D. $\tau \cdot T_{1/2} \cdot A = 1$

E. $A \tau = T_{1/2}$

8.1.17   Fragentyp C

Beim radioaktiven Zerfall gibt es außer α-, β- und γ-Strahlen keine weiteren Zerfallsprodukte,

<u>weil</u>

alle anderen Zerfallsprodukte Kombinationan verschiedener α-, β- und γ-Strahlen sind.

8.1.18 Fragentyp E

Folgende Darstellungen der Abb. 8.2 geben das radioaktive Zerfallsgesetz wieder

1) ①
2) ②
3) ③
4) ④

Wählen Sie bitte die zutreffende Aussagenkombination.

A. Nur 1 ist richtig
B. Nur 2 ist richtig
C. Nur 3 ist richtig
D. Nur 4 ist richtig
E. Nur 1, 3 und 4 sind richtig

Abb. 8.2

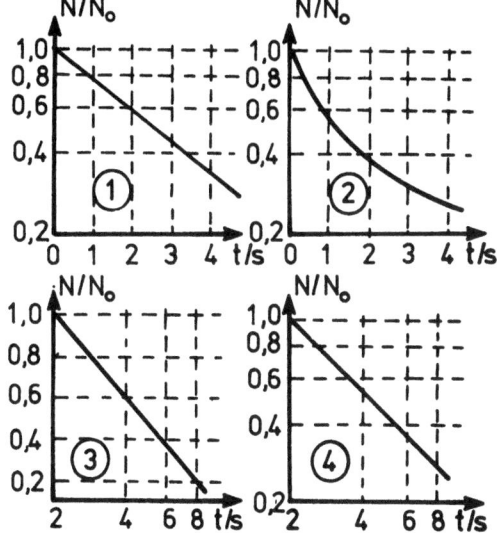

8.1.19   Fragentyp E

In Abb. 8.3 ist das radioaktive Zerfallsgesetz graphisch mit logarithmisch geteilter Ordinate dargestellt. Auf der Abszisse sind verschiedene Zeitpunkte eingetragen. Welcher Zeitpunkt gibt die mittlere Lebensdauer wieder?

A. t_1

B. t_2

C. t_3

D. t_4

D. t_5

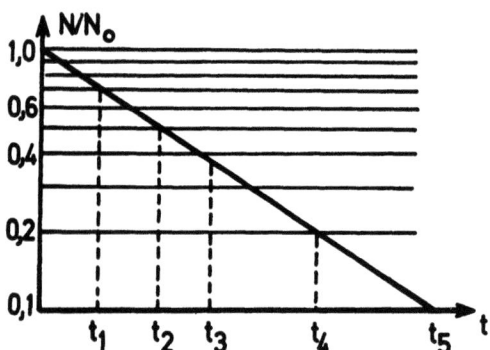

Abb. 8.3

8.1.20   Fragentyp A

Zur Zeit $t = 0$ sind N_0 Atome radioaktiv. Sie zerfallen nach dem radioaktiven Zerfallsgesetz. Wie lautet das Zeitgestz für die Anzahl N_A der zerfallenen Atome?

A. $N_A = N_0 \exp(-t/\tau)$

B. $N_A = N_0 - N_0 \exp(-t/\tau)$

C. $N_A = N_0 \exp(-t/\tau) - N_0$

D. $N_A = N_0 \exp(+t/\tau) - N_0 \exp(-t/\tau)$

E. $N_A = 1 - N_0 \exp(-t/\tau)$

8.1.21   Fragentyp A

Die Größe τ im radioaktiven Zerfallsgesetz $N = N_0 \exp(-t/\tau)$ nennt man

A. Halbwertszeit
B. Eindringtiefe
C. mittlere Lebensdauer
D. Zerfallskonstante
E. Zerfallskoeffizient

8.1.22   Fragentyp E

Zur Zeit $t = 0$ sind N_0 Atome vorhanden. Sie zerfallen nach dem radioaktiven Zerfallsgesetz. Welcher Graph der Abb. 8.4 stellt qualitativ die Anzahl der zerfallenen Atome als Funktion der Zeit dar.

A. ①
B. ②
C. ③
D. ④
E. ⑤

Abb. 8.4

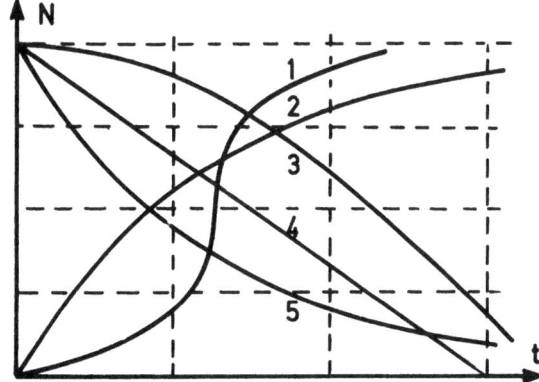

8.1.23   Fragentyp A

Unter der Aktivität eines radioaktiven Stoffes versteht man

A. die Art der radioaktiven Strahlung
B. die Dauer der radioaktiven Strahlung
C. das Durchdringungsvermögen der radioaktiven Strahlung
D. die Anzahl der radioaktiven Zerfälle pro Zeit
E. die Energie der radioaktiven Strahlung

8.1.24   Fragentyp A

Zur Zeit $t = 0$ seien N_0 "instabile" Kerne vorhanden, die nach dem Zerfallsgesetz zerfallen.

Die Zerfallswahrscheinlichkeit

A. eines bestimmten Atoms ist zur Zeit $t = 0$ kleiner als nach 10 Halbwertszeiten, falls es bis dahin noch nicht zerfallen ist.
B. ist für alle Kerne zu jedem Zeitpunkt gleich groß.
C. nimmt mit zunehmender Zerfallszeit zu.
D. ist proportional der Anzahl der vorhandenen Kerne.
E. ist umgekehrt proportional der Aktivität.

8.1.25   Fragentyp A

Natürliche radioaktive Stoffe sind

A. Radium
B. Strontium-80
C. Kobald-60
D. Blei
E. Keine Antwort ist richtig

8.1.26 Fragentyp C

Mit dem Zählrohr kann man ein einzelnes energiereiches Teilchen registrieren,

weil

die durch das eine Teilchen erzeugten Ionen zur Stoßionisation und damit zur Zündung des Zählrohres führen.

8.2 Röntgenstrahlung

8.2.1 Fragentyp A

Die Anodenspannung U einer Röntgenröhre beträgt 90 kV. Wie groß ist die maximale Quantenenergie der Strahlung (Elementarladung: e = 1,6 · 10^{-19}C)?

A. 1,44 · 10^{-18}J

B. 1,44 · 10^{-15}J

C. 1,44 · 10^{-14}J

D. Kann man ohne Kenntnis des Quantenstroms nicht berechnen

E. Kann man ohne Kenntnis des Röhrenstroms nicht berechnen

8.2.2 Fragentyp E

Bei welchen der schematisch skizzierten Röhren in Abb. 8.5 kann Röntgenstrahlung auftreten?

A. Nur bei ①
B. Nur bei ②
C. Nur bei ③
D. Bei ① und ③
E. Bei ① und ②

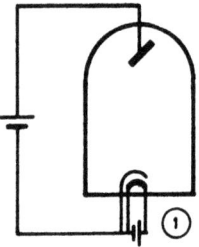
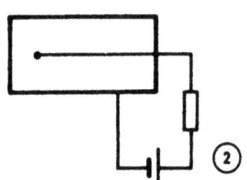
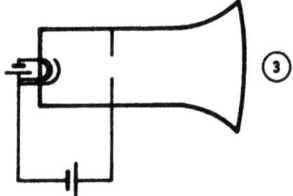

Abb. 8.5

8.2.3 Fragentyp C

Die Röntgenstrahlung einer Röntgenröhre hat eine untere Grenze der Wellenlänge

<u>weil</u>

in der Röntgenröhre mit der Stromstärke auch die Wellenlänge begrenzt ist.

8.2.4 Fragentyp A

Die Härte der Röntgenstrahlung wird durch

A. die Heizspannung bestimmt
B. die Anodenspannung bestimmt
C. das Anodenmaterial bestimmt
D. den Heizstrom bestimmt
E. den Anodenstrom bestimmt

8.2.5 Fragentyp C

Das Linienspektrum im Röntgenspektrum ist Eigenstrahlung der Anode,

weil

es die Spektrallinien enthält, deren Wellenlängen vom Anodenmaterial abhängig sind.

8.2.6 Fragentyp D

Das Röntgenlicht einer Röntgenröhre

1) hat eine kurzwellige Grenze
2) hat Röntgenlichtquanten bis zu einer Maximalenergie $h \cdot f_{max} = e\, U$ (e Elementarladung, U Spannung, h Plancksche Konstante, f_{max} Maximalfrequenz)
3) kann keine größere Energie haben als die kinetische Energie der auf die Anode antreffenden Elektronen
4) schwärzt die photographische Platte

Wählen Sie bitte die zutreffende Aussagenkombination.

A. Nur 1 und 2 sind richtig
B. Nur 2 und 3 sind richtig
C. Nur 3 und 4 sind richtig
D. Nur 1 und 4 sind richtig
E. Alle Aussagen sind richtig

8.2.7 Fragentyp A

Von welchen Betriebsdaten der Röntgenröhre hängt die Frequenz der Röntgenstrahlung ab?

A. Röhrenstrom
B. Heizspannung
C. Anodenspannung
D. Anodentemperatur
E. Anodenstrom

8.2.8 Fragentyp A

Die photographische Platte wird nicht geschwärzt durch

A. Wärmestrahlung
B. β-Strahlung
C. Röntgenstrahlung
D. ultraviolette Strahlung
E. γ-Strahlung

8.2.9 Fragentyp C

Durch eine Materieabschirmung schützt man sich vor allem vor harter Röntgenstrahlung,

weil

die Halbwertsdicke in Materie für harte Röntgenstrahlung größer ist als für weiche.

8.2.10 Fragentyp C

Die Streustrahlung stellt bei Röntgenstrahlung keine zu beachtende Gefahrenquelle dar,

weil

die Streustrahlung seitlich aus dem Strahlenbündel herausgestreut wird.

8.2.11 Fragentyp D

Wenn ein Röntgenstrahlbündel Materie durchsetzt, so wird

1) die Materie erwärmt
2) die Strahlung seitlich herausgestreut
3) γ-Strahlung erzeugt

Wählen Sie bitte die zutreffende Aussagenkombination.

A. Nur 1 ist richtig
B. Nur 2 ist richtig
C. Nur 3 ist richtig
D. Nur 1 und 2 sind richtig
E. Nur 2 und 3 sind richtig

8.2.12 Fragentyp D

Röntgenstrahlen werden beim Durchgang durch Materie geschwächt. Welche der genannten Vorgänge können zur Abnahme des Strahlungsflusses führen?

1) Röntgenstrahlen lassen die Atomkerne der Materie radioaktiv werden.
2) Röntgenstrahlen werden durch Materie zur Seite gestreut.
3) Röntgenstrahlen bewirken eine Erwärmung der Materie.

Wählen Sie bitte die zutreffende Aussagenkombination.

A. Nur 1 ist richtig
B. Nur 2 ist richtig
C. Nur 3 ist richtig
D. Nur 1 und 2 sind richtig
E. Nur 2 und 3 sind richtig

8.2.13   Fragentyp C

Die Schwächung kontinuierlicher Röntgenstrahlung in
Materie folgt nur annäherungsweise dem Exponential-
gesetz,

weil

die Schwächungskonstante wellenlängenunabhängig ist.

8.2.14   Fragentyp A

Die maximale kinetische Energie E eines Elektrons beim
Auftreffen auf die Anode einer Röntgenröhre beträgt
(e ist die Elementarladung):

A. $E = e \cdot U_H$ (U_H = Heizspannung der Röhre)

B. $E = e \, U_A$ (U_A = Spannung zwischen Anode und Kathode)

C. $E = I_A \, U_A$ (I_A = Anodenstrom)

D. $E = e \, I_A \, U_A$

E. $E = e \, I_H \, U_A$ (I_H = Heizstrom)

8.2.15   Fragentyp A

In einer Röntgenröhre wird das Röntgenlicht erzeugt
durch starke

A. Aufheizung der Kathode

B. Aufheizung der Anode

C. Abbremsung der Elektronen

D. Beschleunigung der Elektronen

E. Keine der obigen Aussagen ist richtig

8.2.16   Fragentyp C

Die Grenzwellenlänge der Röntgenstrahlung einer Röntgenröhre nimmt mit der Anodenspannung zu,

weil

die Härte der Röntgenstrahlung mit der maximalen Energie
der Elektronen in der Röntgenröhre zunimmt.

8.3 Dosimetrie

8.3.1   Fragentyp D

In einer Ionisationskammer bewirkt die auftretende
ionisierende Strahlung

1) eine Erhöhung des elektrischen Stromes durch die
   Kammer
2) den Aufbau eines elektrischen Feldes in der Kammer
3) eine Aufladung der Ionisationskammerelektroden

Wählen Sie bitte die zutreffende Aussagenkombination.

A. Nur 1 ist richtig

B. Nur 2 ist richtig

C. Nur 3 ist richtig

D. Nur 1 und 2 sind richtig

E. Nur 1 und 3 sind richtig

8.3.2   Fragentyp A

Die Bedeutung der Ionisationskammer liegt für die
Dosimetrie darin, daß man mit ihr unmittelbar

A. die Ionendosis

B. die Energiedosis

C. die Ionendosisleistung

D. die Energiedosisleistung

E. die Äquivalentdosis

einer ionisierenden Strahlung messen kann.

8.3.3 Fragentyp A

Welche Strahlen können nicht ionisieren?

A. Röntgenstrahlen
B. Wärmestrahlen
C. γ-Strahlen
D. α-Strahlen
E. β-Strahlen

8.3.4 Fragentyp A

Die Einheit der Ionendosis ist

A. $A\ s\ kg^{-1}$
B. $J\ kg^{-1}$
C. MeV
D. $A\ s$
E. $A\ s\ m^{-3}$

8.3.5 Fragentyp A

Eine Einheit der Energiedosis ist

A. $A\ s\ kg^{-1}$
B. J
C. MeV
D. $J\ kg^{-1}$
E. $A\ s\ m^{-3}$

8.3.6
8.3.7
8.3.8
8.3.9 Fragentyp B

Die in Liste 1 aufgeführten physikalischen Größen haben die in Liste 2 aufgeführten Definitionen.

Liste 1

8.3.6 Ionendosis

8.3.7 Energiedosis

8.3.8 Ionendosisleistung

8.3.9 Energiesdosisleistung

Liste 2

A. $\dfrac{\text{Von der Strahlung abgegebene Energie}}{\text{Zeit} \cdot \text{Masse}}$

B. $\dfrac{\text{Reichweite der Strahlung in Luft}}{\text{Energie der Strahlung}}$

C. $\dfrac{\text{Ladung der erzeugten Ionenpaare}}{\text{Masse}}$

D. $\dfrac{\text{Von der Strahlung abgegebene Energie}}{\text{Masse}}$

E. $\dfrac{\text{Ladung der erzeugten Ionenpaare}}{\text{Zeit} \cdot \text{Masse}}$

8.3.10 Fragentyp D

Durch die Äquivalentdosis wird

1) die unterschiedliche Dichte des bestrahlten Körpers berücksichtigt
2) die unterschiedliche Energie der ionisierenden Strahlen berücksichtigt
3) die unterschiedliche biologische Wirkung einzelner Strahlenarten berücksichtigt

Wählen Sie bitte die zutreffende Aussagenkombination.

A. Nur 1 ist richtig

B. Nur 2 ist richtig

C. Nur 3 ist richtig

D. Nur 1 und 3 sind richtig

E. Nur 2 und 3 sind richtig

8.3.11   Fragentyp C

Neutronenstrahlen und Elektronenstrahlen der gleichen
Energie haben auch die gleiche schädigende Wirkung auf
den Organismus,

weil

die schädigende Wirkung einer Strahlung nur durch die
Strahlenenergie bestimmt wird.

8.3.12   Fragentyp D

Ein wichtiger Schutz vor schädigender Strahlung ist

1) großer Abstand von der Quelle
2) Abschirmung durch Materie
3) kurze Bestrahlungszeit

Wählen Sie bitte die zutreffende Aussagenkombination.

A. Nur 1 ist richtig
B. Nur 1 und 2 sind richtig
C. Nur 2 und 3 sind richtig
D. Nur 1 und 3 sind richtig
E. Alle Aussagen sind richtig

8.3.13   Fragentyp C

Die schädigende Wirkung einer Strahlung im Organismus
kann man nicht mit dem Energiedosisbegriff erfassen,

weil

bei gleicher Energiedosis die Schädigung noch von der
Strahlenart abhängt.

8.3.14   Fragentyp C

Um die Ionendosis einer Strahlung zu messen, braucht man nur die Stromanzeige einer Ionisationskammer abzulesen,

weil

ionisierende Strahlung in einer Ionisationskammer eine Erhöhung des Kammerstromes bewirkt.

8.3.15   Fragentyp C

Mit einer Ionisationskammer wird energiereiche Strahlung nachgewiesen und gemessen,

weil

durch Wechselwirkung der Strahlung mit Materie Ionenpaare entstehen, die einen Elektronenstrom verhindern.

8.3.16   Fragentyp A

Die Einheit der Äquivalentdosis ist

A. Becquerel
B. Gray
C. Sievert
D. Röntgen
E. Curie

9. Grundbegriffe der Regelung und der Informationsübertragung

9.1 Regelung

9.1.1
9.1.2
9.1.3
9.1.4   Fragentyp E

Die in Liste 1 aufgeführten Begriffe eines Regelkreises sind in der Prinzipskizze des Regelkreises (Abb. 9.1) beziffert und in Liste 2 aufgeführt.

Liste 1	Liste 2
9.1.1 Stellgröße	A. ①
9.1.2 Regelgröße	B. ②
9.1.3 Regelstrecke	C. ③
9.1.4 Regeleinrichtung	D. ④
	E. ⑤

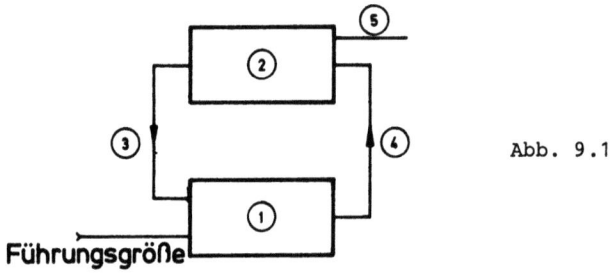

Abb. 9.1

9.1.5   Fragentyp A

Welche Aussage zur "Regelgröße" ist die zutreffendste?
Die Regelgröße ist die Größe, die

A. in der Regelstrecke erfaßt und der Regeleinrichtung zugeführt wird

B. in der Regeleinrichtung der Regelabweichung entgegenwirkt

C. der Regeleinrichtung von außen zugeführt wird und den Regelvorgang auslöst

D. in der Regeleinrichtung verstärkt wird

E. in der Regelstrecke Abweichungen entgegenwirkt

9.1.6 Fragentyp A

Welche Aussage zur Stabilität eines Regelkreises ist richtig?

A. Bei einer Mitkopplung wird die Regeldifferenz vergrößert.

B. Bei einer Mitkopplung wird, wie bei einer Gegenkopplung, die Regeldifferenz nicht beeinflußt.

C. Mitkopplung führt zu einer Verkleinerung der Regeldifferenz.

D. Mitkopplung führt zum Abbau einer Störung.

E. Mitkopplung stabilisiert den Regelkreis.

9.1.7 Fragentyp C

Zwischen den Begriffen Steuerung und Regelung besteht kein Unterschied,

weil

in beiden Fällen auf eine bestimmte Größe in vorgegebener Weise eingewirkt wird.

9.1.8 Fragentyp C

Mitkopplung tritt auf, wenn Führungsgröße und Regelgröße entgegengesetzte Vorzeichen haben,

weil

dadurch die Regelgröße niemals Null werden kann.

9.1.9 Fragentyp A

Beim Regelkreis "Auge" ist die Führungsgröße die

A. tatsächliche Beleuchtungsstärke auf der Netzhaut
B. Sollbeleuchtungsstärke auf der Netzhaut
C. Pupillenfläche
D. Pupillenmuskelinnervation
E. Variation der Beleuchtungsstärke

9.1.10 Fragentyp C

Bei einer Störeinwirkung in einem Regelkreis wird sich die Regelgröße entweder kriechend oder mit Überschwingen einstellen,

weil

jeder Regelkreis eine gewisse Zeit braucht, um nach einer Störung seinen Sollzustand wieder zu erreichen.

9.2 Informationsübertragung

9.2.1 Fragentyp A

Ein Bit ist

A. die Einheit der maximal pro Zeitintervall über einen Kanal übertragbaren Informationsmenge
B. die Einheit der Kanalkapazität
C. ein Maß für die Codierung einer Informationsübertragung
D. die Einheit der Informationsmenge
E. ein binäres Zeichen

9.2.2 Fragentyp C

Eine Informationsübertragung ist schneller, wenn die Redundanz erhöht wird, weil

die Redundanz der nicht zur Information notwendige Nachrichtenanteil ist.

9.2.3   Fragentyp D

Die Redundanz kann dazu benutzt werden, um

1) die Kapazität eines Übertragungskanals zu erhöhen
2) Übertragungsfehler erkennen zu können
3) die Informationsmenge vergrößern zu können
4) das Verhältnis von Nutzsignal zu Störsignal zu erhöhen
5) die Codierung zu vereinfachen

Wählen Sie bitte die zutreffende Aussagenkombination.

A. Nur 2 ist richtig
B. Nur 1 und 2 sind richtig
C. Nur 2 und 3 sind richtig
D. Nur 2 und 4 sind richtig
E. Nur 2 und 5 sind richtig

9.2.4   Fragentyp D

Die Art der Codezeichen wird bestimmt vom

1) Übertragungskanal
2) Sender
3) Empfänger
4) Nachrichtenvorrat, der übertragen wird

Wählen Sie bitte die zutreffende Aussagenkombination.

A. Nur 1, 2 und 3 sind richtig
B. Nur 2, 3 und 4 sind richtig
C. Nur 1, 3 und 4 sind richtig
D. Nur 1, 2 und 4 sind richtig
E. 1, 2, 3 und 4 sind richtig

9.2.5   Fragentyp A

Um das Alphabet (A ... Z) in dualen Zeichen zu codieren, braucht man mindestens folgende Anzahl von Binärzeichen

A. ein Binärzeichen
B. zwei Binärzeichen
C. drei Binärzeichen
D. vier Binärzeichen
E. fünf Binärzeichen

Antwortenschlüssel

1. Grundbegriffe des Messens und der quantitativen Beschreibung

1.1 Physikalische Größe

1.1.1	D		1.1.2	D

1.2 Internationales Einheitensystem (SI = Système International d'Unités)

1.2.1	B		1.2.3	A	1.2.5	D
1.2.2	B		1.2.4	D	1.2.6	E
					1.2.7	D

1.3 Abgeleitete Größen und Einheiten

1.3.1	B		1.3.3	E	1.3.5	E
1.3.2	D		1.3.4	A	1.3.6	A

1.4 Messen

1.4.1	D

1.5 Fehler beim Messen

1.5.1	B	1.5.5	B	1.5.9	A
1.5.2	C	1.5.6	A	1.5.10	C
1.5.3	D	1.5.7	C	1.5.11	D
1.5.4	C	1.5.8	D	1.5.12	C
				1.5.13	B

1.6 Geometrie, Stereometrie

1.6.1	A	1.6.5	B	1.6.9	D
1.6.2	D	1.6.6	D	1.6.10	C
1.6.3	E	1.6.7	C	1.6.11	C
1.6.4	B	1.6.8	B	1.6.12	A

Antwortenschlüssel

1.7 Algebra

1.7.1	A	1.7.3	E	1.7.5	
1.7.2	B	1.7.4	E		

1.8 Funktionen

1.8.1	A	1.8.5	C	1.8.9
1.8.2	C	1.8.6	A	1.8.10
1.8.3	D	1.8.7	C	1.8.11
1.8.4	D	1.8.8	A	

1.9 Graphische Darstellung

1.9.1	C	1.9.2	D

1.10 Differential- und Integral-Rechnung

1.10.1	A	1.10.3	C	1.10.5
1.10.2	A	1.10.4	A	

2. Mechanik

2.1 Raum, Zeit

2.1.1	B	2.1.3	D	2.1.5	
2.1.2	D	2.1.4	B	2.1.6	
				2.1.7	

2.2 Bewegung in Raum und Zeit (Kinematik)

2.2.1	D	2.2.13	C	2.2.25	
2.2.2	C	2.2.14	E	2.2.26	
2.2.3	A	2.2.15	E	2.2.27	
2.2.4	D	2.2.16	C	2.2.28	
2.2.5	E	2.2.17	E	2.2.29	
2.2.6	D	2.2.18	C	2.2.30	
2.2.7	C	2.2.19	C	2.2.31	
2.2.8	B	2.2.20	D	2.2.32	
2.2.9	A	2.2.21	D	2.2.33	
2.2.10	D	2.2.22	B	2.2.34	
2.2.11	D	2.2.23	A	2.2.35	
2.2.12	D	2.2.24	E	2.2.36	
				2.2.37	

2.3 Bewegung von Körpern unter dem Einfluß von Kräften

2.3.1	A	2.3.7	C	2.3.13	C
2.3.2	A	2.3.8	E	2.3.14	B
2.3.3	C	2.3.9	E	2.3.15	E
2.3.4	C	2.3.10	A	2.3.16	D
2.3.5	C	2.3.11	D	2.3.17	A
2.3.6	C	2.3.12	B	2.3.18	A
				2.3.19	A

2.4 Kräfte, Wechselwirkungen

2.4.1	E	2.4.4	B	2.4.7	B
2.4.2	E	2.4.5	B	2.4.8	B
2.4.3	A	2.4.6	B	2.4.9	B

2.5 Arbeit, Energie, Leistung, Impuls

2.5.1	D	2.5.7	B	2.5.13	D
2.5.2	E	2.5.8	E	2.5.14	B
2.5.3	B	2.5.9	D	2.5.15	C
2.5.4	B	2.5.10	A	2.5.16	D
2.5.5	C	2.5.11	D	2.5.17	B
2.5.6	A	2.5.12	A		

2.6 Mengenbegriffe, bezogene Größen

2.6.1	A	2.6.6	C	2.6.11	D
2.6.2	C	2.6.7	E	2.6.12	B
2.6.3	A	2.6.8	D	2.6.13	A
2.6.4	D	2.6.9	A	2.6.14	B
2.6.5	B	2.6.10	C	2.6.15	B

2.7 Verformung fester Körper unter dem Einfluß von Kräften im Gleichgewicht

2.7.1	C	2.7.3	A	2.7.5	B
2.7.2	C	2.7.4	D	2.7.6	A
				2.7.7	A

2.8 Fluide (Flüssigkeiten, Gase) unter dem Einfluß von Kräften

2.8.1	C	2.8.5	A	2.8.9	B
2.8.2	E	2.8.6	D	2.8.10	D
2.8.3	A	2.8.7	D	2.8.11	C
2.8.4	C	2.8.8	A	2.8.12	E

2.9 Kräfte an Grenzflächen

2.9.1	C	2.9.3	D	2.9.5	
2.9.2	E	2.9.4	A	2.9.6	

2.10 Strömung von Flüssigkeiten (Flüssigkeiten, Gase)

2.10.1	A	2.10.7	D	2.10.13	
2.10.2	A	2.10.8	B	2.10.14	
2.10.3	A	2.10.9	C	2.10.15	
2.10.4	B	2.10.10	B	2.10.16	
2.10.5	A	2.10.11	C	2.10.17	
2.10.6	C	2.10.12	B	2.10.18	

3. Struktur der Materie

3.1 Aufbau der Atomkerne und Atome

3.1.1	E	3.1.9	C	3.1.17	
3.1.2	A	3.1.10	D	3.1.18	
3.1.3	E	3.1.11	B	3.1.19	
3.1.4	C	3.1.12	D	3.1.20	
3.1.5	C	3.1.13	D	3.1.21	
3.1.6	E	3.1.14	A	3.1.22	
3.1.7	A	3.1.15	A	3.1.23	
3.1.8	E	3.1.16	C	3.1.24	
				3.1.25	

3.2 Aufbau der Körper, Grundbegriffe der kinetischen Theorie

3.2.1	D	3.2.4	A	3.2.7	
3.2.2	C	3.2.5	A	3.2.8	
3.2.3	A	3.2.6	D		

4. Wärmelehre

4.1 Temperaturbegriff

4.1.1	A	4.1.6	D	4.1.11	
4.1.2	A	4.1.7	E	4.1.12	
4.1.3	C	4.1.8	C	4.1.13	
4.1.4	E	4.1.9	C	4.1.14	
4.1.5	E	4.1.10	D	4.1.15	
				4.1.16	

4.2 Wärme und Energie

4.2.1	B	4.2.7	A	4.2.13	A
4.2.2	C	4.2.8	A	4.2.14	A
4.2.3	A	4.2.9	C	4.2.15	B
4.2.4	E	4.2.10	D	4.2.16	A
4.2.5	B	4.2.11	A	4.2.17	D
4.2.6	D	4.2.12	A	4.2.18	B
				4.2.19	D

4.3 Gaszustand

4.3.1	E	4.3.11	A	4.3.21	A
4.3.2	D	4.3.12	B	4.3.22	E
4.3.3	A	4.3.13	A	4.3.23	B
4.3.4	B	4.3.14	C	4.3.24	D
4.3.5	D	4.3.15	B	4.3.25	D
4.3.6	D	4.3.16	A	4.3.26	B
4.3.7	C	4.3.17	A	4.3.27	C
4.3.8	D	4.3.18	D	4.3.28	B
4.3.9	C	4.3.19	C	4.3.29	B
4.3.10	D	4.3.20	B	4.3.30	A
				4.3.31	D

4.4 Änderung des Aggregatzustands, Gleichgewicht zwischen Aggregatzuständen

4.4.1	A	4.4.8	D	4.4.15	B
4.4.2	E	4.4.9	B	4.4.16	E
4.4.3	E	4.4.10	D	4.4.17	D
4.4.4	B	4.4.11	D	4.4.18	B
4.4.5	D	4.4.12	D	4.4.19	C
4.4.6	D	4.4.13	A	4.4.20	E
4.4.7	C	4.4.14	C		

4.5 Wärmetransport

4.5.1	B	4.5.3	B	4.5.5	D
4.5.2	E	4.5.4	A	4.5.6	C
				4.5.7	E

4.6 Stoff-Gemische

4.6.1	C	4.6.6	B	4.6.11	E
4.6.2	A	4.6.7	A	4.6.12	A
4.6.3	D	4.6.8	E	4.6.13	A
4.6.4	D	4.6.9	B	4.6.14	C
4.6.5	B	4.6.10	A	4.6.15	B
				4.6.16	E
				4.6.17	D

5. Elektrizitätslehre

5.1 Elektrischer Strom

5.1.1	A	5.1.5	D	5.1.9	A
5.1.2	D	5.1.6	D	5.1.10	E
5.1.3	D	5.1.7	A	5.1.11	E
5.1.4	D	5.1.8	B		

5.2 Elektrische Ladung

5.2.1	A	5.2.3	D	5.2.5	A
5.2.2	B	5.2.4	B	5.2.6	A
				5.2.7	B

5.3 Elektrische Spannung

5.3.1	D	5.3.3	C	5.3.5	A
5.3.2	A	5.3.4	B	5.3.6	E

5.4 Elektrische Feldstärke

5.4.1	C	5.4.10	C	5.4.19	C
5.4.2	A	5.4.11	C	5.4.20	C
5.4.3	C	5.4.12	A	5.4.21	B
5.4.4	B	5.4.13	D	5.4.22	A
5.4.5	D	5.4.14	E	5.4.23	A
5.4.6	B	5.4.15	B	5.4.24	A
5.4.7	E	5.4.16	A	5.4.25	C
5.4.8	B	5.4.17	B	5.4.26	C
5.4.9	D	5.4.18	B	5.4.27	C

5.5 Widerstand

5.5.1	E	5.5.17	A	5.5.33	B
5.5.2	C	5.5.18	B	5.5.34	D
5.5.3	C	5.5.19	B	5.5.35	A
5.5.4	A	5.5.20	A	5.5.36	E
5.5.5	D	5.5.21	A	5.5.37	E
5.5.6	B	5.5.22	D	5.5.38	C
5.5.7	A	5.5.23	B	5.5.39	D
5.5.8	A	5.5.24	A	5.5.40	E
5.5.9	D	5.5.25	A	5.5.41	C
5.5.10	D	5.5.26	D	5.5.42	D
5.5.11	C	5.5.27	D	5.5.43	A
5.5.12	A	5.5.28	B	5.5.44	C
5.5.13	A	5.5.29	E	5.5.45	C
5.5.14	D	5.5.30	A	5.5.46	E
5.5.15	C	5.5.31	B	5.5.47	A
5.5.16	D	5.5.32	B		

5.6 Vorgänge der Elektrizitätsleitung

5.6.1	B	5.6.7	A	5.6.13	B
5.6.2	B	5.6.8	A	5.6.14	A
5.6.3	D	5.6.9	D	5.6.15	D
5.6.4	A	5.6.10	C	5.6.16	C
5.6.5	B	5.6.11	A	5.6.17	A
5.6.6	A	5.6.12	E		

5.7 Entstehung von Spannungen an Grenzflächen

5.7.1	D	5.7.4	D	5.7.7	A
5.7.2	A	5.7.5	A	5.7.8	D
5.7.3	D	5.7.6	C	5.7.9	C

5.8 Magnetische Vorgänge

5.8.1	B	5.8.2	B	5.8.3	E
				5.8.4	C

5.9 Wechselstrom, elektrische Schwingungen und Wellen

5.9.1	A	5.9.6	A	5.9.11	E
5.9.2	B	5.9.7	D	5.9.12	C
5.9.3	E	5.9.8	C	5.9.13	E
5.9.4	E	5.9.9	E	5.9.14	D
5.9.5	D	5.9.10	A		

6. Schwingungen und Wellen

6.1 Einfache schwingungsfähige Systeme (Pendel, Schwinger)

6.1.1	D	6.1.11	D	6.1.21	D
6.1.2	D	6.1.12	C	6.1.22	B
6.1.3	B	6.1.13	B	6.1.23	C
6.1.4	E	6.1.14	B	6.1.24	B
6.1.5	B	6.1.15	D	6.1.25	D
6.1.6	C	6.1.16	C	6.1.26	B
6.1.7	A	6.1.17	A	6.1.27	D
6.1.8	A	6.1.18	A	6.1.28	B
6.1.9	E	6.1.19	C	6.1.29	C
6.1.10	B	6.1.20	A		

6.2 Ausbreitung von Schwingungen, Wellen

6.2.1	B	6.2.3	D	6.2.5	C
6.2.2	D	6.2.4	D	6.2.6	C
				6.2.7	A

6.3 Schallwellen

6.3.1	E	6.3.3	A	6.3.5	
6.3.2	D	6.3.4	B	6.3.6	

6.4 Elektromagnetische Wellen

6.4.1	C	6.4.3	A	6.4.5	
6.4.2	C	6.4.4	E	6.4.6	

6.5 Interferenz und Beugung

6.5.1	E	6.5.3	D	6.5.5	
6.5.2	A	6.5.4	B	6.5.6	
				6.5.7	

7. Optik

7.1 Licht als Energieströmung, Photometrie

7.1.1	C	7.1.5	C	7.1.9	
7.1.2	B	7.1.6	C	7.1.10	
7.1.3	D	7.1.7	C	7.1.11	
7.1.4	E	7.1.8	A	7.1.12	
				7.1.13	

7.2 Geometrische Optik

7.2.1	D	7.2.14	B	7.2.27	
7.2.2	E	7.2.15	A	7.2.28	
7.2.3	D	7.2.16	B	7.2.29	
7.2.4	C	7.2.17	E	7.2.30	
7.2.5	C	7.2.18	C	7.2.31	
7.2.6	B	7.2.19	A	7.2.32	
7.2.7	B	7.2.20	C	7.2.33	
7.2.8	A	7.2.21	E	7.2.34	
7.2.9	E	7.2.22	E	7.2.35	
7.2.10	B	7.2.23	D	7.2.36	
7.2.11	B	7.2.24	C	7.2.37	
7.2.12	C	7.2.25	A	7.2.38	
7.2.13	B	7.2.26	D	7.2.39	
				7.2.40	

7.3 Optische Spektren

7.3.1	E	7.3.3	B	7.3.5	
7.3.2	E	7.3.4	A	7.3.6	

7.4 Wellenoptik

7.4.1 D	7.4.2 A	7.4.3 D
		7.4.4 B

8. Ionisierende Strahlung

8.1 Radioaktivität

8.1.1 D	8.1.10 D	8.1.19 C
8.1.2 B	8.1.11 A	8.1.20 B
8.1.3 C	8.1.12 C	8.1.21 C
8.1.4 D	8.1.13 B	8.1.22 B
8.1.5 B	8.1.14 A	8.1.23 D
8.1.6 D	8.1.15 A	8.1.24 B
8.1.7 C	8.1.16 A	8.1.25 A
8.1.8 A	8.1.17 E	8.1.26 A
8.1.9 A	8.1.18 A	

8.2 Röntgenstrahlung

8.2.1 C	8.2.6 E	8.2.11 D
8.2.2 D	8.2.7 D	8.2.12 E
8.2.3 C	8.2.8 A	8.2.13 C
8.2.4 B	8.2.9 D	8.2.14 B
8.2.5 A	8.2.10 D	8.2.15 C
		8.2.16 D

8.3 Dosimetrie

8.3.1 A	8.3.6 C	8.3.11 E
8.3.2 C	8.3.7 D	8.3.12 E
8.3.3 B	8.3.8 E	8.3.13 A
8.3.4 A	8.3.9 A	8.3.14 D
8.3.5 D	8.3.10 E	8.3.15 C
		8.3.16 C

9. Grundbegriffe der Regelung und der Informationsübertragung

9.1 Regelung

9.1.1 D	9.1.4 A	9.1.7 D
9.1.2 C	9.1.5 A	9.1.8 A
9.1.3 B	9.1.6 A	9.1.9 B
		9.1.10 A

9.2 Informationsübertragung

9.2.1	D	9.2.3	D	9.2.5	
9.2.2	D	9.2.4	A		

Anhang
Fragen des Instituts
für Medizinische und Pharmazeutische
Prüfungsfragen (IMPP) in Mainz

1   Fragentyp A

Welche Aussage trifft zu?
Leistung ist in der Physik definiert als

(A) Energie mal Zeit
(B) Arbeit mal Zeit
(C) Masse geteilt durch Beschleunigung
(D) Kraft mal Weg
(E) Keine der Aussagen trifft zu.

2   Fragentyp A

Welche Aussage trifft zu?
Steigt beim radioaktiven Zerfall die Ordnungszahl der
Tochtersubstanz gegenüber der der Muttersubstanz an,
so muß

(A) eine β-Strahlung vorliegen
(B) eine α-Strahlung vorliegen
(C) ein künstlich radioaktiver Stoff zerfallen sein
(D) eine γ-Strahlung vorliegen
(E) Eine präzise Aussage läßt sich in diesem Fall nicht
    machen.

3 Fragentyp A

Zwei Rohre mit kreisförmigem Querschnitt und gleicher Länge sind hintereinandergeschaltet (s. Skizze).
Die Radien der Rohre verhalten sich wie $r_1 : r_2 = 1 : \sqrt{2}$.

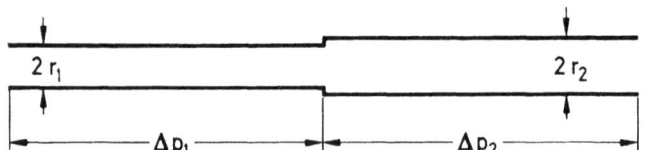

Durch die Rohre wird Wasser gepumpt; die Strömung durch die Rohre sei laminar.
In welchem Verhältnis stehen die Druckabfälle Δp_1 und Δp_2 an den beiden Rohrstücken zueinander?

(A) $\Delta p_1 : \Delta p_2 = 1 : 1$

(B) $= 2 : 1$

(C) $= \sqrt{2} : 1$

(D) $= 4 : 1$

(E) Keine der angegebenen Antworten trifft zu.

4 Fragentyp A

Welche Aussage trifft zu?
Der Vektor F_0 soll in zwei Komponenten mit den Richtungen I und II zerlegt werden (s. Abb.). Die richtige Zerlegung hat die beiden Komponenten

(A) F_1 , F_3

(B) F_1 , F_4

(C) F_2 , F_3

(D) F_2 , F_4

(E) F_5 , F_1

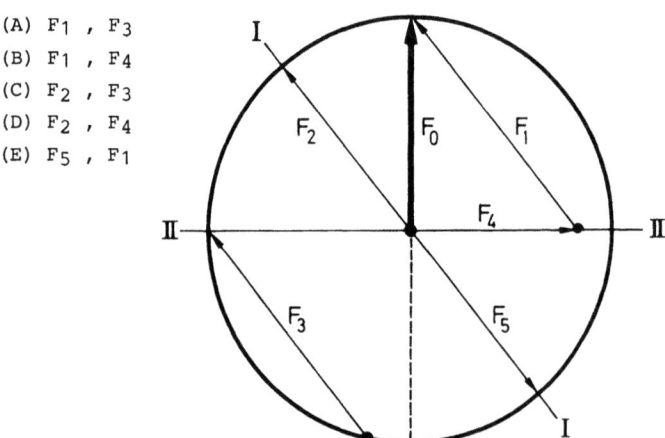

5   Fragentyp A
_____

Welche der folgenden Einheiten kann als Produkt von zwei
anderen der aufgeführten Einheiten aufgefaßt werden?

(A) Volt
(B) Ampere
(C) Watt
(D) Farad
(E) keine

6   Fragentyp A
_____

Welche Aussage trifft zu?
Die gesamte Temperaturstrahlung eines Körpers steigt
im Idealfall mit der Temperatur T, und zwar proportional
zu

(A) T^0
(B) T^1
(C) T^2
(D) T^3
(E) Keine der vorgegebenen Angaben trifft zu.

7   Fragentyp A
_____

Welche Aussage trifft zu?
Auf eine Masse m = 50 kg wirkt eine Schwerkraft von etwa

(A) $F_g = 50$ N
(B) $F_g = 50$ kg $\cdot$ m $\cdot$ s^{-2}
(C) $F_g = 500$ N $\cdot$ m
(D) $F_g = 5 \cdot 10^2$ N
(E) $F_g = 500$ J

8   Fragentyp A

Die Halbwertszeit des Radionuklids ^{42}K beträgt 12 Stunden. Nach welcher Zeit ist die Aktivität eines ^{42}K-Präparats der Aktivität 1 mCi auf ungefähr 1 µCi abgesunken?

(A) Nach 24 Stunden

(B) Nach 48 Stunden

(C) Nach 120 Stunden

(D) Nach 10 Tagen

(E) Nach 20 Tagen

9   Fragentyp A

Welche Aussage trifft zu?
Ein Brillenglas der Brechkraft Φ = 2,5 dpt hat in Luft die Brennweite

(A)   4 cm

(B) 25 cm

(C) 40 cm

(D) 2,5 m

(E)   4 m

10   Fragentyp A

Welche Aussage trifft zu?
Der Effektivwert einer sinusförmigen Wechselspannung ist

(A) der Mittelwert der Spannung über eine Periode

(B) der Mittelwert der Spannung über eine halbe Periode

(C) der Wert einer Gleichspannung, die an einem Ohmschen Widerstand die gleiche Leistung erzeugt

(D) der Momentanwert der Spannung

(E) der Scheitelwert oder Spitzenwert der Spannung

11 Fragentyp A

In der Abbildung ist das Geschwindigkeits-Zeit-Diagramm verschiedener Bewegungen eines Körpers dargestellt.

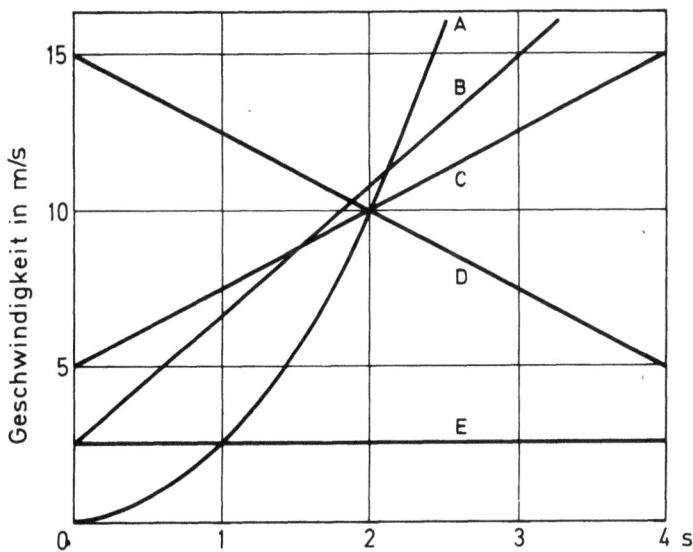

Welche Kurve gehört zu der Bewegung mit der konstanten Beschleunigung a = 2,5 m/s²?

12 Fragentyp A

Welche Aussage trifft zu?
Ein Kondensator mit der Kapazität C = 100 µF wird auf die Spannung U = 8 V aufgeladen. Nach Beendigung des Aufladungsvorgangs enthält der Kondensator die Ladung

(A) Q = 8 mC
(B) Q = 0,8 C
(C) Q = 800 C
(D) Q = 0,8 mC
(E) Q = 0,08 C

13	Fragentyp A

Welche Aussage trifft <u>nicht</u> zu?
Sichtbares Licht

(A) besitzt Wellenlängen zwischen 450 µm und 750 µm

(B) ändert seine Geschwindigkeit, wenn sich die Brechzahl des Mediums ändert

(C) hat eine von der Frequenz abhängige Photonenenergie

(D) wird beim Übergang in ein Medium mit größerer Brechzahl zum Einfallslot hin gebrochen

(E) kann bei der Anregung von Atomen emittiert werden

14	Fragentyp C

Zwischen Neutronen können keine Kräfte wirken,

<u>weil</u>

Neutronen elektrisch ungeladen (neutral) sind.

Antwortenschlüssel zu den Fragen des IMPP

1	E	6	E	11	C
2	A	7	D	12	D
3	D	8	C	13	A
4	B	9	C	14	D
5	C	10	C		

Titel des Buches: **Examens-Fragen**
Physik für Mediziner, 3. Auflage

Was können wir bei der nächsten Auflage besser machen?

Zur inhaltlichen und formalen Verbesserung unserer Lehrbücher bitten wir um Ihre Mithilfe. Wir würden uns deshalb freuen, wenn Sie uns die nachstehenden Fragen beantworten könnten.

1. Finden Sie ein Kapitel besonders gut dargestellt? Wenn ja, welches und warum? _____
   _____
   _____

2. Welches Kapitel hat Ihnen am wenigsten gefallen. Warum? _____
   _____

3. Bringen Sie bitte dort ein × an, wo Sie es für angebracht halten.

	Vorteilhaft	Angemessen	Nicht angemessen
Preis des Buches			
Umfang			
Aufmachung			
Abbildungen			
Tabellen und Schemata			
Register			

	Sehr wenige	Wenige	Viele	Sehr viele
Druckfehler				
Sachfehler				

4. Spezielle Vorschläge zur Verbesserung dieses Textes (u. a. auch zur Vermeidung von Druck- und Sachfehlern) _____
   _____
   _____
   _____
   _____
   _____

bitte wenden!

5. Bitte teilen Sie uns mit, auf welchen Fachgebieten Ihrer Meinung nach moderne Lehrbücher fehlen. Dazu folgende kurze Charakterisierung unserer eigenen Werke:

Fragensammlungen = Examensfragen zur Vorbereitung auf Prüfungen

Basistexte = vermitteln nach der neuen Approbationsordnung das für das Examen wichtige Stoffgebiet

Kurzlehrbücher = zur Vertiefung des Basiswissens gedacht; für den sorgfältigen Studenten

Lehrbücher = Umfassende Darstellungen eines Fachgebietes; zum Nachschlagen spezieller Informationen

Fachgebiet	Fragensammlungen	Basistexte	Kurzlehrbücher	Lehrbücher

Bei Rücksendung werden Sie automatisch in unsere Adressenliste aufgenommen.

Name____

Adresse____

____

Fachstudium____

Semester____

Ärztliche Vorprüfung____

Datum/Unterschrift____

Wir danken Ihnen für die Beantwortung der Fragen und bitten um Einsendung des Blattes an:

> Frau M. Kalow
> Springer-Verlag
> Neuenheimer Landstraße 28
> **6900 Heidelberg 1**

H.-U. Harten

Physik für Mediziner

Eine Einführung

Unter Mitarbeit von H. Nägerl, J. Schmidt, H.-D. Schulte

4. überarbeitete und ergänzte Auflage. 1980. 549 teilweise zweifarbige Abbildungen, 2 Farbtafeln. XV, 373 Seiten.
DM 48,-
ISBN 3-540-10315-5

Inhaltsübersicht:
Mechanik starrer Körper. – Mechanik deformierbarer Körper. – Mechanische Schwingungen und Wellen. – Wärmelehre. – Elektrizitätslehre und Magnetismus. – Elektrische Schwingungen und Wellen. – Optik. – Atom- und Kernphysik. – Steuerung, Regelung, Information. – Lösungen der Aufgaben. – Anhang. – Sachverzeichnis.

Die 4. überarbeitete Auflage dieses Lehrbuches umfaßt die gesamte Physik, soweit sie für die Medizin von grundsätzlicher Bedeutung ist; entsprechend wird versucht, nach Möglichkeit physikalische Beispiele aus Medizin und Biologie heranzuziehen. In der Stoffauswahl ist das Buch mit dem Gegenstandskatalog für die ärztliche Vorprüfung abgestimmt. Deshalb wendet es sich vor allem an Studenten der Human-, Zahn-und Veterinärmedizin, ist aber auch für Pharmazeuten und Biologen von Interesse.
Übersichtlicher Druck, der das Wichtigste besonders hervorhebt, und zahlreiche Abbildungen sollen dem Leser das Lesen erleichtern. Diesem Zweck dienen auch in den Text eingestreute Aufgaben, die zugleich eine zuverlässige Lernkontrolle bieten.

M. Michler, J. Benedum

Einführung in die medizinische Fachsprache

Medizinische Terminologie für Mediziner und Zahnmediziner auf der Grundlage des Lateinischen und Griechischen

Unter Mitarbeit von I. Michler, M. Michler

2., korrigierte Auflage. 1981. 20 Abbildungen.
Etwa 375 Seiten.
DM 78,-
ISBN 3-540-10667-7

Inhaltsübersicht:
Geschichte und Bildungsprinzipien der medizinischen Fachsprache: Die allgemeine Wissenschaftssprache. Anatomische Nomenklatur und medizinische Terminologie. – Laut- und Wortbildungslehre: Die Lautlehre. Die Wortbildungslehre. – Vocabularium, Übungsbeispiele und praktische Anwendung anhand von terminologischen Beispielen zur Wortbildungslehre. – Literatur. – Wortregister. – Namenregister.

Die neue Approbationsordnung fordert anstelle des Latinum einen Kurs in der medizinischen Fachsprache. Diese Regelung bietet die Chance, unter Verzicht auf unnötigen linguistischen Ballast das Verständnis für die Terminologie gleichberechtigt vom Griechischen und Lateinischen her zu entwickeln. In der 2. Auflage reicht der gebotene Stoff bewußt über die Grenzen eines Terminologiekurses hinaus. Das Buch ist für den Studenten ein Begleiter durch das ganze Studium, um sich die Flut der Fachausdrücke, die von Semester zu Semester auf ihn eindringt, verstehend anzueignen und als unentbehrliche Bausteine in das Fundament seiner wachsenden pathologischen und klinischen Kenntnisse einzufügen. Das Buch dient auch Fachlehrern an Schulen für medizinisches Hilfspersonal als nützliches Nachschlagewerk.

Springer-Verlag
Berlin
Heidelberg
New York

Springer Lehrbücher/ Examens-Fragen

Eine Auswahl für die ärztliche Vorprüfung

W. F. Ganong
Lehrbuch der Medizinischen Physiologie
Die Physiologie des Menschen für Studierende der Medizin und Ärzte
Übersetzt aus dem Amerikanischen, bearbeitet und ergänzt von W. Auerswald, in Zusammenarbeit mit B. Binder, J. Mlczoch
4., überarbeitete Auflage. 1979
DM 58,–. ISBN 3-540-08908-X

Physiologie des Menschen
Herausgeber: R. F. Schmidt, G. Thews
20., überarbeitete Auflage. 1980
Gebunden DM 98,–
ISBN 3-540-09446-6

Grundriß der Neurophysiologie
Herausgeber: R. F. Schmidt
Mit Beiträgen von J. Dudel, W. Jänig, R. F. Schmidt, M. Zimmermann
Korrigierter Nachdruck der 4., neubearbeiteten und ergänzten Auflage. 1979.
(Heidelberger Taschenbücher, Band 96)
DM 27,80. ISBN 3-540-07827-4

Grundriß der Sinnesphysiologie
Herausgeber: R. F. Schmidt
Mit Beiträgen zahlreicher Fachwissenschaftler
4., korrigierte Auflage. 1980.
(Heidelberger Taschenbücher, Band 136)
DM 24,80. ISBN 3-540-09909-3

G. Thews, P. Vaupel
Grundriß der vegetativen Physiologie
1981.
(Heidelberger Taschenbücher, Band 210)
DM 29,80. ISBN 3-540-10631-6

H. P. Latscha, H. A. Klein
Chemie für Mediziner
Begleittext zum Gegenstandskatalog für die Fächer der ärztlichen Vorprüfung
5., korrigierte Auflage. 1980.
(Heidelberger Taschenbücher, Band 171)
DM 19,80. ISBN 3-540-09613-2

K. Jungermann, H. Möhler
Biochemie
Ein Lehrbuch für Studierende der Medizin, Biologie und Pharmazie
Mit pathobiochemischen Beiträgen von zahlreichen Fachwissenschaftlern
1980.
Gebunden DM 98,–
ISBN 3-540-09302-8

Physiologische Chemie
Lehrbuch der medizinischen Biochemie und Pathobiochemie für Studierende der Medizin und Ärzte
Von G. Löffler, P. E. Petrides, L. Weiss, H. A. Harper
2., völlig überarbeitete Auflage. 1979.
Gebunden DM 98,–
ISBN 3-540-09332-X

Biologie
Ein Lehrbuch
Herausgeber: G. Czihak, H. Langer, H. Ziegler
Unter Mitarbeit zahlreicher Fachwissenschaftler
3., völlig neubearbeitete Auflage. 1981.
Gebunden DM 84,–
ISBN 3-540-09363-X

H. Knoche
Lehrbuch der Histologie
Cytologie. Histologie. Mikroskopische Anatomie
Orientiert am Gegenstandskatalog für die ärztliche Vorprüfung
Unter Mitarbeit von K. Addicks, H. Themann, I. H. Pawlowitzki
1979.
Gebunden DM 76,–
ISBN 3-540-09221-8

Lehrbuch der gesamten Anatomie des Menschen
Cytologie, Histologie, Entwicklungsgeschichte, Makroskopische und Mikroskopische Anatomie
Unter Berücksichtigung des Gegenstandskataloges
Herausgeber: T. H. Schiebler, W. Schmidt
2., überarbeitete und ergänzte Auflage. 1981.
DM 84,–. IBN 3-540-10139-X

Examens-Fragen Physiologie
Zum Gegenstandskatalog
Herausgeber: K. Brück, W. Jänig, R. Rüdel, H. Schaefer, R. F. Schmidt, M. Steinhausen, R. Taugner, V. Thämer, G. Thews, H.-V. Ulmer
5., korrigierte Auflage. 1980.
DM 22,–. ISBN 3-540-10222-1

Examens-Fragen Chemie für Mediziner
Zum Gegenstandskatalog
Von H. P. Latscha, G. Schilling, H. A. Klein
3., ergänzte und neubearbeitete Auflage. 1980.
DM 19,80. ISBN 3-540-09775-9

Examens-Fragen Physiologische Chemie
Zum Gegenstandskatalog
Herausgeber: W. Kersten, K. Brand
Unter Mitarbeit zahlreicher Fachwissenschaftler
3., neubearbeitete und erweiterte Auflage. 1979.
DM 28,–. ISBN 3-540-09334-6

Examens-Fragen Anatomie
Zum Gegenstaffdskatalog
Herausgeber: H. Frick, H. Leonhardt, T. H. Schiebler
3., völlig neubearbeitete Auflage. 1980.
DM 27,80. ISBN 3-540-09307-4

K. Jungermann, H. Möhler
Übungen und Prüfungsfragen Biochemie
Begleittext zum Lehrbuch Biochemie
1980.
DM 19,80. ISBN 3-540-09300-1

Springer-Verlag
Berlin Heidelberg New York

If you have any concerns about our products,
you can contact us on
ProductSafety@springernature.com

In case Publisher is established outside the EU,
the EU authorized representative is:
**Springer Nature Customer Service Center GmbH
Europaplatz 3, 69115 Heidelberg, Germany**

Printed by Libri Plureos GmbH
in Hamburg, Germany